歴史に学ぶ減災の知恵

建築・町並みはこうして生き延びてきた

大窪健之 著
立命館大学理工学部教授

学芸出版社

◆もくじ

プロローグ

減災という伝統文化——歴史的町並みと災害を受け流すデザイン

◆町並み景観と生き残るデザイン

遠くで鳴る除夜の鐘、並ぶ藁葺の屋根にしんしんと降り積もる雪、数々の障子窓からもれる団らんの声と暖かな光（図0・1）。

軒を並べる町家、打ち水に光る凛とした石畳の袋小路、夕暮れどきに家々の格子戸からもれる縞模様のあかり（図0・2）。

白い珊瑚砂の坂道、くっきりとコントラストを描く屋敷林の木漏れ日、石垣に縁取られた赤瓦と漆喰の屋並み、夏雲（図0・3）。

目をつぶればまぶたに浮かぶ「日本の風景」。

その無くてはならない立役者として「伝統的な町並みと歴史的建築物」が存在しています。

図 0･1　雪の降る白川郷の風景（岐阜県・大野郡）

図 0･2　祇園新橋など町家の並ぶ風景（京都府・京都市）

これら「町並みと建築の持つ魅力」。一言で言い表すにはあまりにも難しいテーマですが、多くの人が口にする「様式による統一感のある美しさ」は、少なくともその一つと言えるでしょう。では、その様式や統一感はなぜ、どのようにして生まれ、そして引き継がれてきたのでしょうか。

その理由として、一般には先人たちの誇り、地域への愛情、高い美意識など、歴史ロマンや精神論が多く挙げられるのかもしれません。しかし、そもそもそこに高い必然性があったからこそ、町並みは集団として統一化され、一定の様式として磨かれてきたものと考える方が自然でしょう。つまり町並みや建築デザインの発生は、その背後にある生活上の必然、

図0・3　竹富島の夏の風景（沖縄県）

材料の限定、技術の限界など、社会的条件や時代の要請が必然のバランスを求めて試行錯誤を繰り返した結果として、獲得されてきた形態であると見ることができます。本書が紹介しようとする町並みや伝統的な建築を読み解く視点は、人類にとって不可避な「災害」という背景と、「減災」という戦いの中で勝ち取ってきた姿、つまり時代ごとの限られた技術と材料による「生き残るための意匠＝サバイバル・デザイン」という見方です。

生物学の世界でダーウィンが提示したように、生物の進化の歴史は多様化と淘汰の繰り返しによって形成されてきました。野生生物たちは厳しい環境の中で、他の種と、時には同種同士で展開される熾烈な生き残り競争に

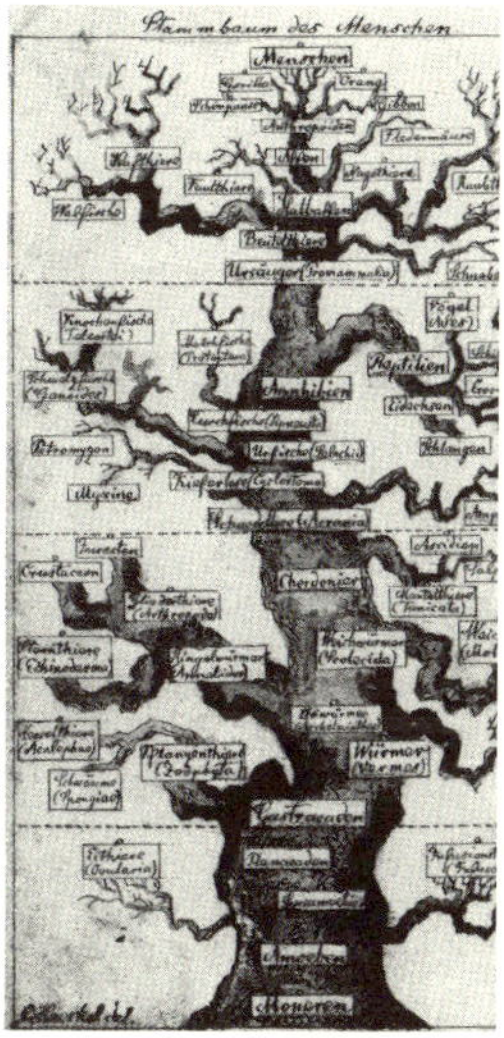

図 0･4　エルンスト・ヘッケルによる人類の系統発生的分類
（出典：エルンスト・ヘッケル著、小品郁生監修、戸田裕之訳『生物の驚異的な形』河出書房新社、2009 年）

勝ち残るためにより競争相手の少ない厳しい環境を指向し、さらに自らの姿形を適応させていくことで進化を遂げてきました。そして存在を脅かす様々な障害と向き合い、鍛え上げられてきたからこそ、その姿はとてもユニークで美しいと考えられています（図0・4）。

日本の伝統的な町並みも、地域に特有の数々の「外敵」と戦いながら今にその姿を遺してきていると考えれば、その形態の地域性やそこでの統一感も説明できるのではないでしょうか。本書では、取り上げるその外敵として、「自然災害」に注目します。

◆災害のデパート

もとより私たちの住まう日本は島国です。国土そのものが環太平洋造山帯という地殻の活動によって形成されてきました。つまり、その成り立ちから地震や噴火、津波とともに歩んできたといえます。結果として急峻な山地が国土の大部分を占めるため、常に土砂災害の危機にさらされることになります。気候の面でも、豊かな雨をもたらす温帯モンスーン気候に属するため大雨や台風の被害も多く、勾配の急な河川は洪水を繰り返してきました。豊かな雨に育まれた緑は木造の建築文化を発展させる一方、人がわずかな平野部を探しては大勢で住み着いてきた結果、常に火災の危険と隣り合わせの高密木造都市が形成されてきたのです。日本は世界にも類を見ない「災害のデパート」と言っても過言ではない環境にあるのです。

◆防災神話の限界

近代以降、科学技術の発達とともに、高度な防災技術を持って自然災害をすべて取り除くべく取り組みが重ねられてきました。新しい技術があればすべての災害をゼロにすることができると信じられてきたのです。しかしながら21世紀に入ってなお、私たちの生活は未だに完全な災害安全を実現できていません。確かに災害による人的被害は飛躍的に少なくなっているものの、被害の規模や頻度はむしろ拡大する傾向にあります（図0・5）。これはいったいなぜでしょうか。

これは近代技術による災害対策が、常に人間の想像力の上に計画され、設計され、構築されてきたためと考えられます。すなわち、施された災害対策は想定内の現象に対しては設計通りの性能を発揮できる一方で、これまでに経験したことのない言わば「想定外」の現象に対しては逆に「仕様にない」問題が発生するために、被害を拡大する危険性が残されるのです。

2011年3月11日に東日本の沿岸部を襲った津波を例に、百年に一回の規模の被害を防ぐために堤防を設計し建設する場合を考えてみましょう。これが完成すれば、百年に一回の津波はもちろん防ぐことができますが、その際の津波は被害自体が発生しないために「自然現象」として処理されることになります。

しかし運悪く、千年に一回の規模の津波に襲われた場合には、堤防が機能できないだけでなく堤防を越えてくる水流によって、結果的にそれ以前の場合の被害よりも遙かに大きな代償を支払わなければならないことになります。また、例えば人の住まない南極や北極、あるいは砂漠の真ん中で大地震が発生しても、それは単に自然現象としてニュースの片隅で

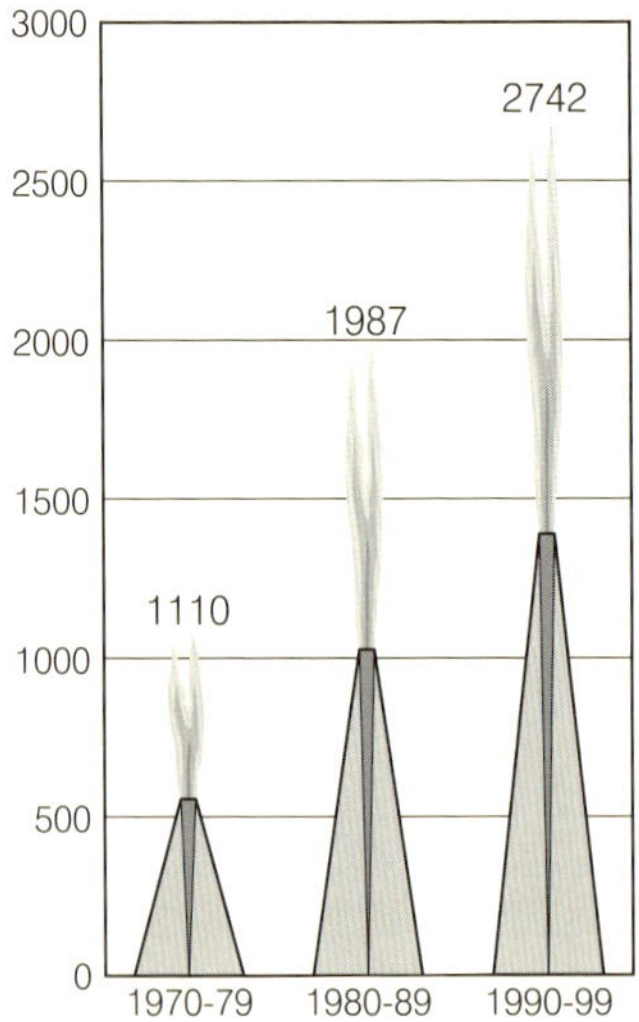

図0·5　増大し続ける災害発生件数
(出典：災害疫学研究センター)

取り扱われる程度ですが、同じものが都市域で発生した場合はまったく異なる「未曾有の大災害」になります。このように「自然現象」は、人の命や財産に危害が及んで初めて「自然災害」と呼ばれるのです。その意味において、抜本的に災害をなくすためには自然現象をすべてなくすこと、もしくは現象の起こりうるすべての地域から人類が撤退することが必要になってしまいます。それが事実上不可能である以上、完全な安全神話は実在せず、その限界は常に私たちの前にあり続けることになります。

◆防災から減災へ

近年では、近代防災技術によって災害を押さえ込み、それを防ごうとする「防災」の考え方に対して、押さえ込む術のなかった時代から受け継がれてきた、災害を不可避のものとして位置づけ、最小限の被害で乗り越えようとする「減災」の考え方が見直され始めています。つまり、災害に対して力で挑み、完全勝利か完敗かというゼロイチの勝負をするのではなく、柔軟に受け止めつつやり過ごすことで、一定の被害を受けつつも最後には踏みとどまることを目指した「肉を切らせる」戦術ともいうことができるでしょう。

◆減災のデザイン

以上の考え方は、一見すると非常に新しいものにも見えますが、実は長い時間を経て伝統的な知恵や文化として蓄積され、様式や美しい街並みにまで昇華されてきたものでもあります。今日に受け継がれてきた日本の伝統建築や歴史的町並みは、幾度にもわたる被災の歴史をくぐり抜けてきた結果、今の私たちの目の前に遺されてきた、まさに遺産なのです。

本書では、自然災害を、地震、火災、水害、その他の台風・豪雪という気象災害の4つに区分しています。そして、歴史的な事例の中に見られる「災害を受け流す」考え方とそのデザインを、時には現代の応用事例とともにわかりやすく紹介することで、伝統的建築や歴史的街並みの新しい「見方」を提案することを目指しています。併せて、これらの減災に深く関わってきた人間の営みにもスポットを当てます。

美しい伝統的な町並みや建築物が形成された背景を読み解くカギとして、そして将来にわたり災害と向き合うための貴重な先例として、そこから学ぶことは、とても新鮮で意義深いヒントを私たちにもたらしてくれるはずです。

1

揺らして逃がす
地震対策

◆震災という宿命

よく「地震、カミナリ、火事、オヤジ」と並び称されるように、最近ではオヤジの威厳は地に落ちつつあっても、「地震」は数ある災害の中でも最も恐ろしい事象の一つとされています。

そもそも日本列島は、4つの地殻（プレート）がぶつかり合うところに位置し、幾度もの地殻変動を繰り返しながら、海底が隆起して出現した陸地です。この意味で、その起源からして地震と縁の深い、地震からは宿命的に逃れることのできない国土と言えます。実際に、近年までの地球上の大規模地震のおよそ10～20%が、全世界の陸地の400分の1というこのわずかな陸地上で発生していると言われており（図1・1、1・2）、平均して1

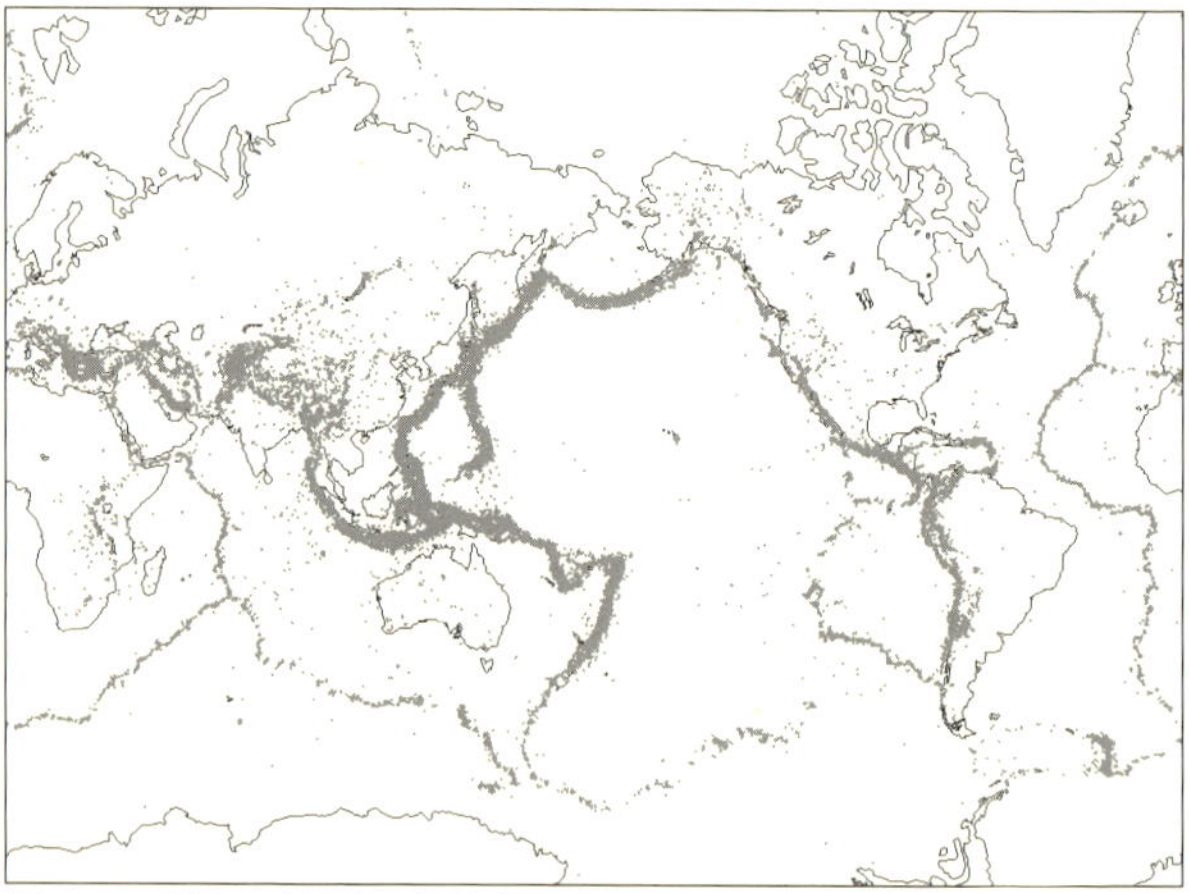

図 1・1　世界の地震発生分布図（出典：気象庁 HP）

00〜150年程度に一回のペースで地震ラッシュに見舞われてきました。

このような環境にあったために、先人たちはこれまで様々な工夫を積み重ねて、否応なく地震への備えを進めてきたと考えられています。

日本の伝統的建築物の多くは木造です。木材はコンクリートや鉄骨よりも遙かに弱く、柔らかい材料です。それにもかかわらず、私たち日本人は数千年もの間これを最大限使って建物をつくり、都市を築いてきました。木材でつくられてきた日本の伝統的な建築文化は、逆にその柔らかさを武器にして「地震を受け流してきた」のです。

本章では、日本の伝統的な建築物がどのようなメカニズムで度重なる地震を生き延びてきたのか、その秘密に迫ってみましょう。

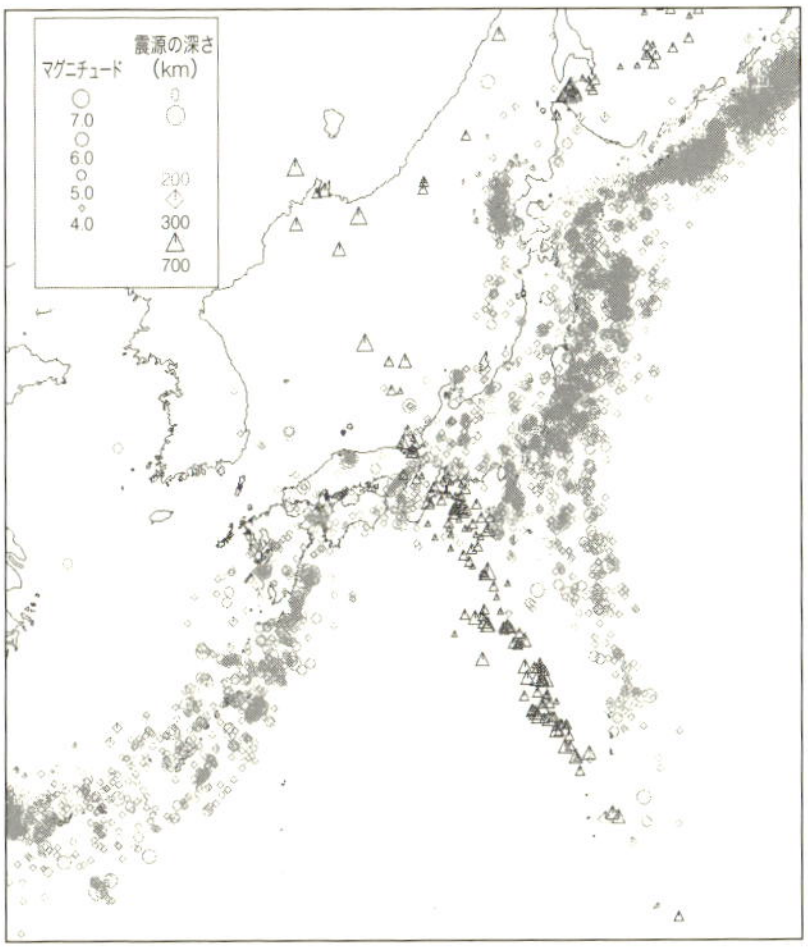

図 1･2　日本列島周辺の地震発生分布図
(出典：気象庁 HP)

1

しなりで揺れを受け流す

──伝統建築は柔らかい

◈五重塔は地震で倒れたことがない

まず、誰もが不思議に思う「五重塔」の耐震能力について見てみましょう。

五重塔は、数千年に及ぶ日本の建築文化の中でも「実用よりも高さを追求した」特殊な建築の一つといえます。中へ入る機会があればぜひ確認していただきたいのですが、内部空間が利用されているのは多くの場合一層のみで、使われていてもせいぜい二層目までに留まっています。つまり、そこから上の層は内部空間としては利用されることがほとんどなく、建築はその高さを獲得するためだけに、ただひたすらに積み重ねられています。このためその他の伝統木造建築の縦横比に比べて、遙かに高さが卓越しており、軒の張り出しを除けば見るからに細長く、いとも簡単に倒れてしまいそうな姿をしています（図1・3）。

ところが歴史を見ると、五重塔は地震で倒れた記録がないと言われています。被害を統計的に調べた研究（注1）からは、江戸時代以前に建てられた五重塔22カ所を対象に調査した結果、12の五重塔に詳細な修理報告書があり、震度6以上と推定される地震に延べ16回遭遇していたことが明らかとなっています。うち7回は被害状況も記録されており、それによると傾いた塔や最上部の「相輪」と呼ばれるアンテナのような装飾部分に被害が出た塔はあっても、倒壊した記録は見つからなかったそうです。大風で倒壊する例や、落雷で焼失した例は後を絶たないにもかかわらず、なぜか地震ではほとんど倒壊していないのです。

1923年の関東大震災では、多くの近代建

図1･3　瑠璃光寺五重塔（山口県・山口市）

図 1･4　谷中天王寺五重塔（東京都・台東区）
（出典：左／「いわおの部屋」 http://www.iwaoono.com/）

図 1･5　阪神・淡路大震災で倒壊した建物（兵庫県・神戸市）

築が地震動によって倒壊する中、幸田露伴の小説『五重塔』で有名な「谷中の五重塔」(図1・4)も、最終的に1957年の放火心中により焼失してしまい、現在はその礎石を残すのみではありますが、地震そのものでは倒壊しなかったのです。高速道路をはじめ数多くの近代的な中高層建築までもが倒壊した1995年の阪神・淡路大震災(図1・5)でも、兵庫県内にある木塔は一つも倒れていません。

◆核となる心柱

現在、日本の建築基準法では、新築できる木造建物は3階建てまでという階数制限があり、さらに主要な柱については階を貫く「通し柱」として、これに各階の梁(床や屋根を支える横材)をしっかりと接続するよう定められています。これは、上下階をひとつながりの柱で貫くことで、各階の床や屋根の重さをスムーズに地面に伝えると同時に、水平方向の地震の力に対しても「通し柱」によって各階の壁の耐震効果を伝達することで、柱と梁とで構成されるフレームの歪みを抑え、強固な構造にすることができるためです(図1・6)。

ところが、五重塔は五層に及ぶ木造建築であるにもかかわらず、この「通し柱」は塔の中心にそびえる「心柱」と呼ばれる1本しかありません。というのも、これ以外の各層を支える柱は、ほぼすべてが上の層へ行くに従って少しずつ内側にずらして立てられていて、上下階の柱は直接つながっていないからです。これによって五重塔は、上の層ほど少しずつ幅が小さくなり、実際よりも高さを感じさせる、先細りの優美なシルエットを獲得しているのです（図1・7）。

さらに問題なのは、心柱は五重塔で唯一の通し柱であるにもかかわらず、各階の梁はほとんどこれに固定されていないという事実です。日本最古の五重塔と言われる法隆寺五重塔の心柱は、樹齢二千年以上で直径2・5メートル以上のヒノキの巨木を、わざわざ四

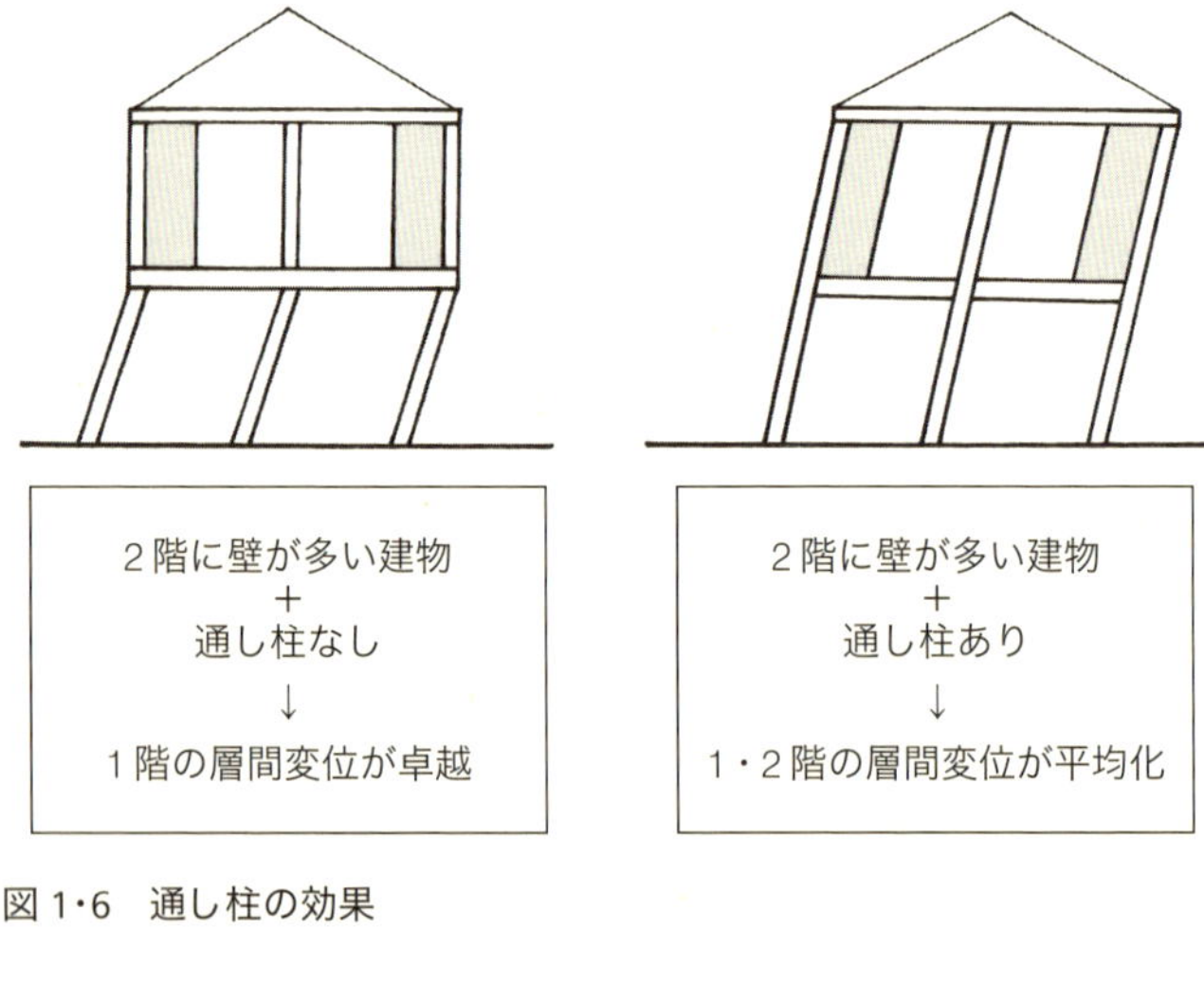

図1·6　通し柱の効果

つ割りにして再構成することで歪みや癖を取り除いてつくられているのですが、そこまでして精度を出した丈夫な柱であるにもかかわらず、各層の梁はこれに強固に固定されることなく、ほぼ独立して自立しているのです。実際に構造上これが支えているものは、塔のてっぺんにある装飾的な「相輪」だけであるといわれています。

以上のことから五重塔の構造は、大きさの異なるバラバラの層を順に積み重ねて、その中心を心柱でゆるく串刺しにしただけの、現代の建築基準法が求める耐震基準とはかけ離れた（むしろ真っ向対立する）形式になっていると理解できます。

では、このような建築がなぜ地震で倒壊しないのでしょうか。

この理由には諸説がありますが、最近の学説（注2）では、この特徴的な構造形式こそがそのカギを握っていると考えられています。

建築構造力学の分野では、建物の高さと横幅との比と、重心の位置、構造的な柔らかさによって地震で共振する（揺れが増幅される）周波数が決まり、これを固有周波数と呼んでいますが、五重塔ではこれが層ごとに違っていることになります。つまり上へ行くほど小さく軽くなる層は、同じ水平方向の地震力に対しても各層でバラバラに動くことになります。ただ、このままですと5つの層が別々に落っこちてしまう危険があるわけですが、中心にカンヌキのよう

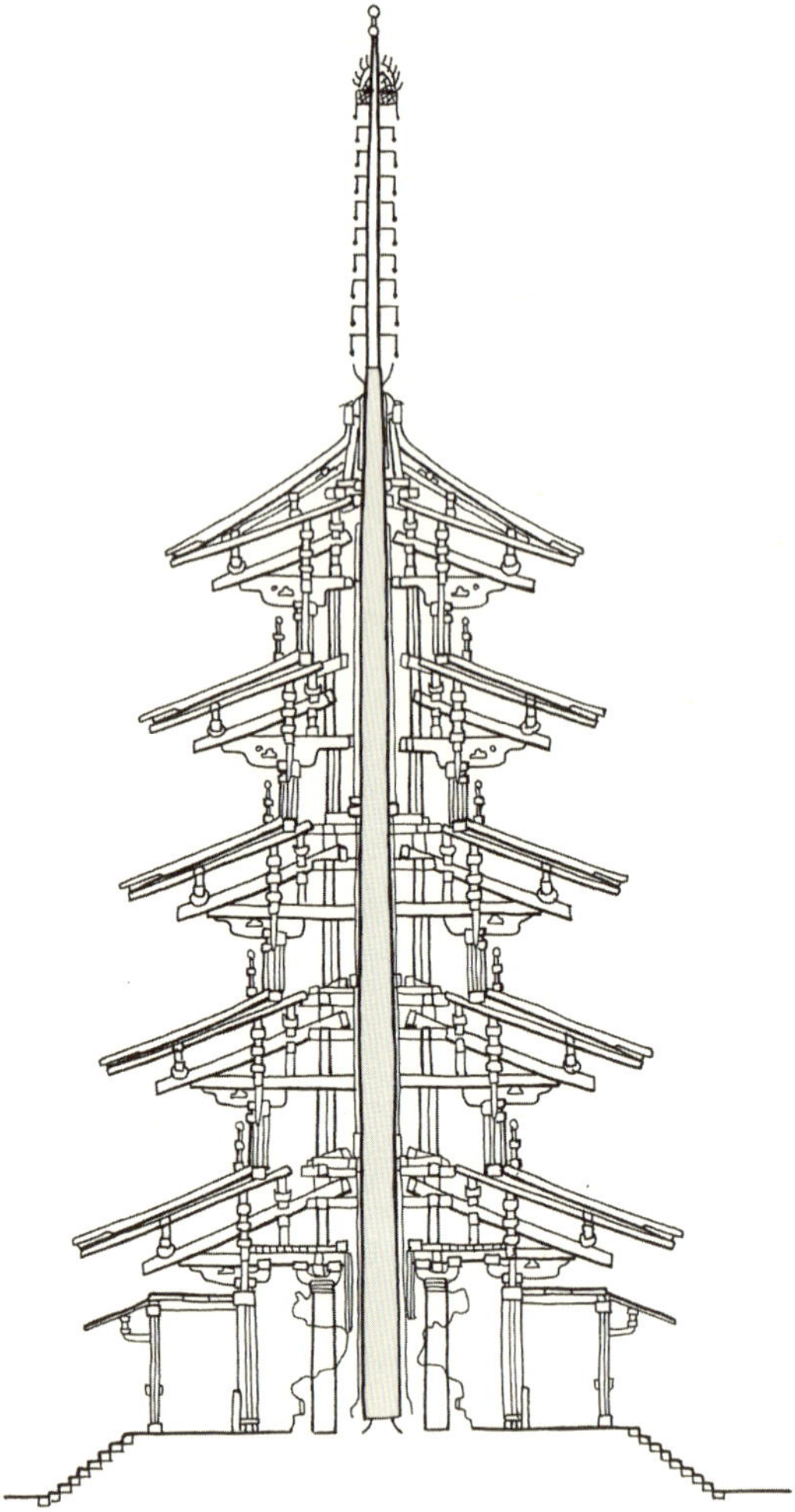

図 1·7　法隆寺五重塔（奈良県・斑鳩町）断面図
（出典：『日本建築史図集』をもとに作図）

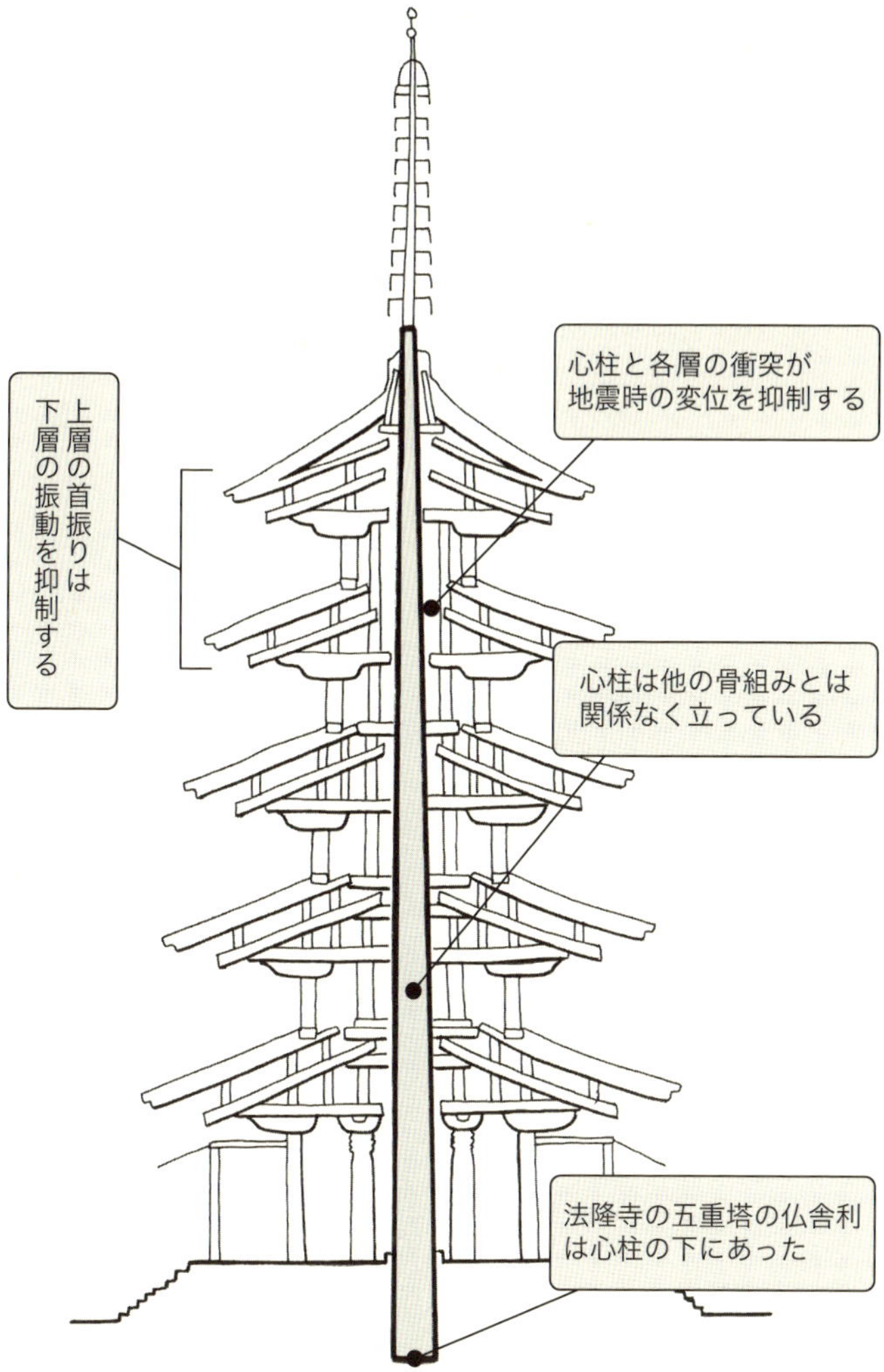
上層の首振りは
下層の振動を抑制する
心柱と各層の衝突が
地震時の変位を抑制する
心柱は他の骨組みとは
関係なく立っている
法隆寺の五重塔の仏舎利
は心柱の下にあった

図 1･8　五重塔の耐震効果（イメージ）

にゆるく通されている心柱があり、これのおかげでバラバラにならずに済んでいると推察されています。逆にこの心柱には、地面からの地震エネルギーが直接伝わることになりますが、下からのエネルギーは各層に伝わる順に異なる周期の揺れを発生させるため、これらが総体として打ち消し合いつつ、次第に吸収されていると考えられています。

この「柔らかくしなる」ことで振動エネルギーを吸収する構造、すなわち地震時に激しくへビがくねるように歪みつつも全体が倒壊しないことこそが、五重塔が地震で倒れない秘密であると考えられているのです（図1・8）。

◆現代に活かされている柔構造

この驚くべき「地震力を受け流す」構造の考え方は、現代社会にも大いに活かされています。これら五重塔が関東大震災でもほとんど倒れることがなかったために、震災後の建築構造分野で、強固な構造で揺れに対抗する「剛構造」派と、柔らかくしなる「柔構造」派との間で論争が巻き起こります。当時は技術的な制約などから剛構造が主流となり、建築の高さは31メートル以下に制限されましたが、その後第二次大戦を経て柔構造の研究が進み、１９６３年には高さ制限が撤廃されます。日本初の超高層建築と言われる霞ヶ関ビル（147メートル）が完成したのはその5年後になります。現在日本で最も高いビルは1993年に竣工した横浜のランドマークタワー（296メートル、図1・9）ですが、ここに至る過程で、技術は「耐震」という建物全体を堅く丈夫にする考え方から始まり、地震力を抑制または制御し、そのエネルギーを吸収しようとする「制震」、あるいは地面の揺れを建物に伝えないようにする「免震」という、力を受け流す考え方へと発展しています。

ごく最近のハイテク・スーパー構造物にも、この五重塔の持つ地震を受け流す設計思想を採り入れ、その能力を応用した事例がありま

図1・9　横浜ランドマークタワー（神奈川県・横浜市）

す。今や浅草の新名所となり、地上６３４メートルという破格の高さを誇る「東京スカイツリー」（図１・10）です。付近では休日のたびに、ポカンと口を開けては上ばかりを見ている人々が町中にあふれるという、社会現象を引き起こすほどの超高層タワーです。

ここでは、タワーの中心部を縦に貫くように設けられた鉄筋コンクリート造の円筒状の階段室と、その外側を包み込む鉄骨造の本体とを構造的に分離し、中央部の円筒を「重り」として機能させた制振システムが採用されています。原理としては「質量付加機構」と呼ばれる技術で、地震時などに、構造物本体とタイミングがずれて振動する重りを加えることで、本体と重りの揺れを相殺させて、構造

図1・10　東京スカイツリー（東京都・墨田区）

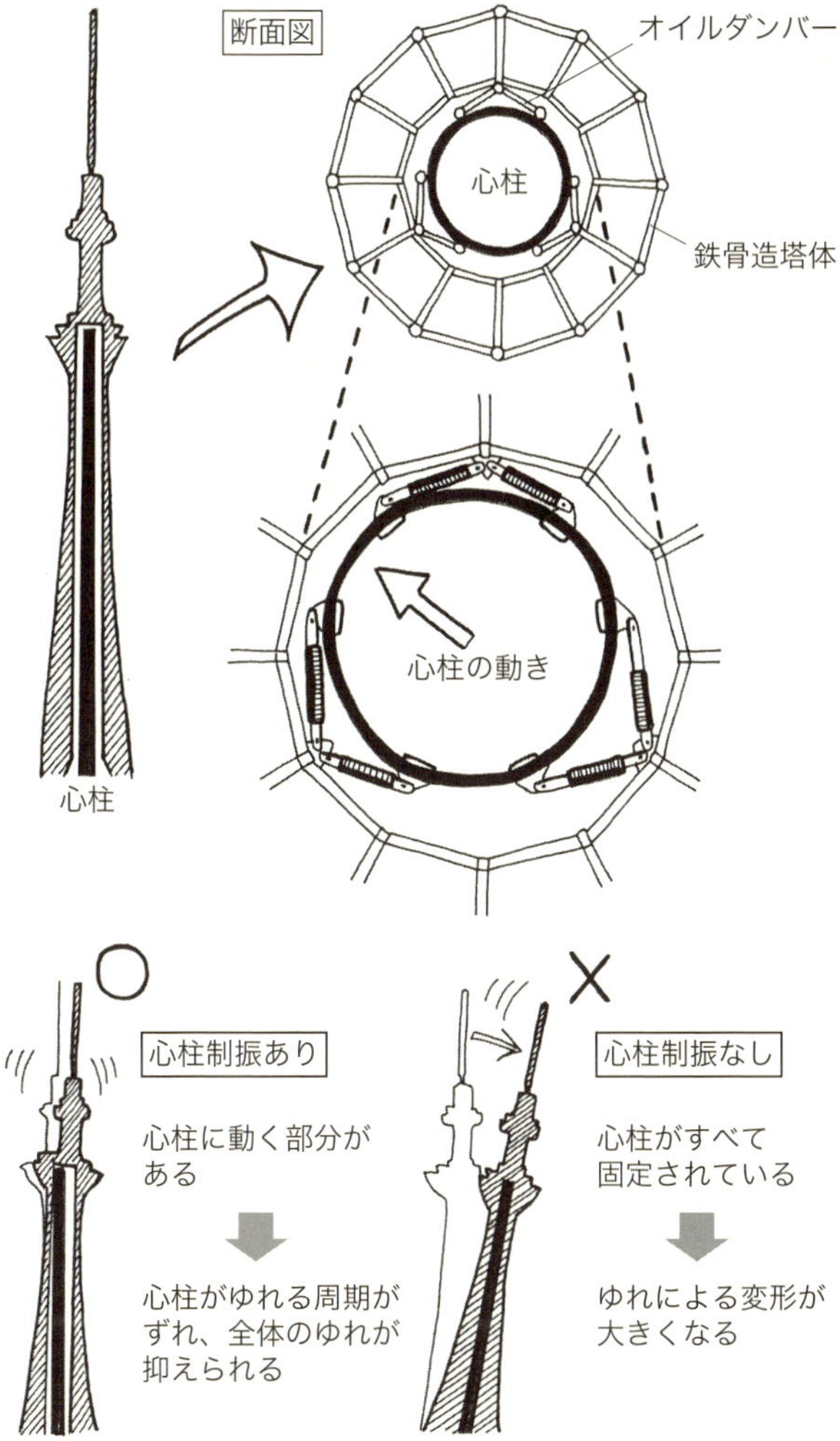

図1・11　スカイツリーの揺れを抑える仕組み
（出典：朝日新聞2010年5月1日をもとに作図）

物全体の揺れを抑制しようとするシステムです。大地震時に40％程度の応答せん断力(地震の水平力が構造物をだるま落としのように横ずれさせようとする力)を低減することができるとされており、五重塔に倣ってその名も「心柱制震」と呼ばれています(図1・11)。

実際に2011年3月11日に発生した東日本大震災においても、高さ約333メートルの東京タワーでは頂上部のTV放送用のアンテナが曲がってしまう事態になりましたが、東京スカイツリーではこれより倍近い高さがあり、しかも未完成であったにもかかわらず、工事中の足場の一部が外れた程度で目立った被害が認められなかったということです。地震大国日本に、これまでにない高さの塔を現代の技術でつくろうという試みの中にも、実は伝統的構法の知恵が役立てられているのです。

2

きしむことで揺れを止める
——地震の力を摩擦に変える仕口

◆仕口の力

さて、五重塔などが地震で揺すられても、その力を柔らかく受け流したり相殺させたりしていることはわかったとして、では、どのようにして一旦入力された地震エネルギーを、最終的に吸収しているのでしょうか。その秘密はどうやら摩擦にあるようです。

現代建築の柱と梁などの部材の接合は、鉄筋コンクリート造では一体的に固める（打設する）ことによって、また鉄骨造では溶接やボルトなどによって、強固に固定する方法を採っています。これに対して日本の伝統的な木造建築は、「仕口」と呼ばれる木組みによって柱や梁を接合しています。しかも場合によっては釘を一切使うことなく、まるでパズルのような組み立て方で、ほとんど摩擦力に頼って接合しています（図1・12）。実は、ここにこそエネルギー吸収の秘密があるのです。

京町家を例にとってみますと、玄関を入ったところから奥へ向かって直線的に延びる「トオリニワ」と呼ばれる空間に出会います。町家の平面形はよく「ウナギの寝床」と呼ばれるように、通りに面した狭い間口に対して深い奥行きを持っています。このため隣家に接する奥行き方向の壁は窓のない大面積の壁になっており、奥行き方向にはとても丈夫な構造になっています。一方、間口方向には内部にこのトオリニワが開いているために、開口部のない固い壁で支えることができず、間口正面から見て左右方向の力に対してはどうしても弱い構造になってしまいます（図1・13）。

では実際に町家にお邪魔して、問題のトオ

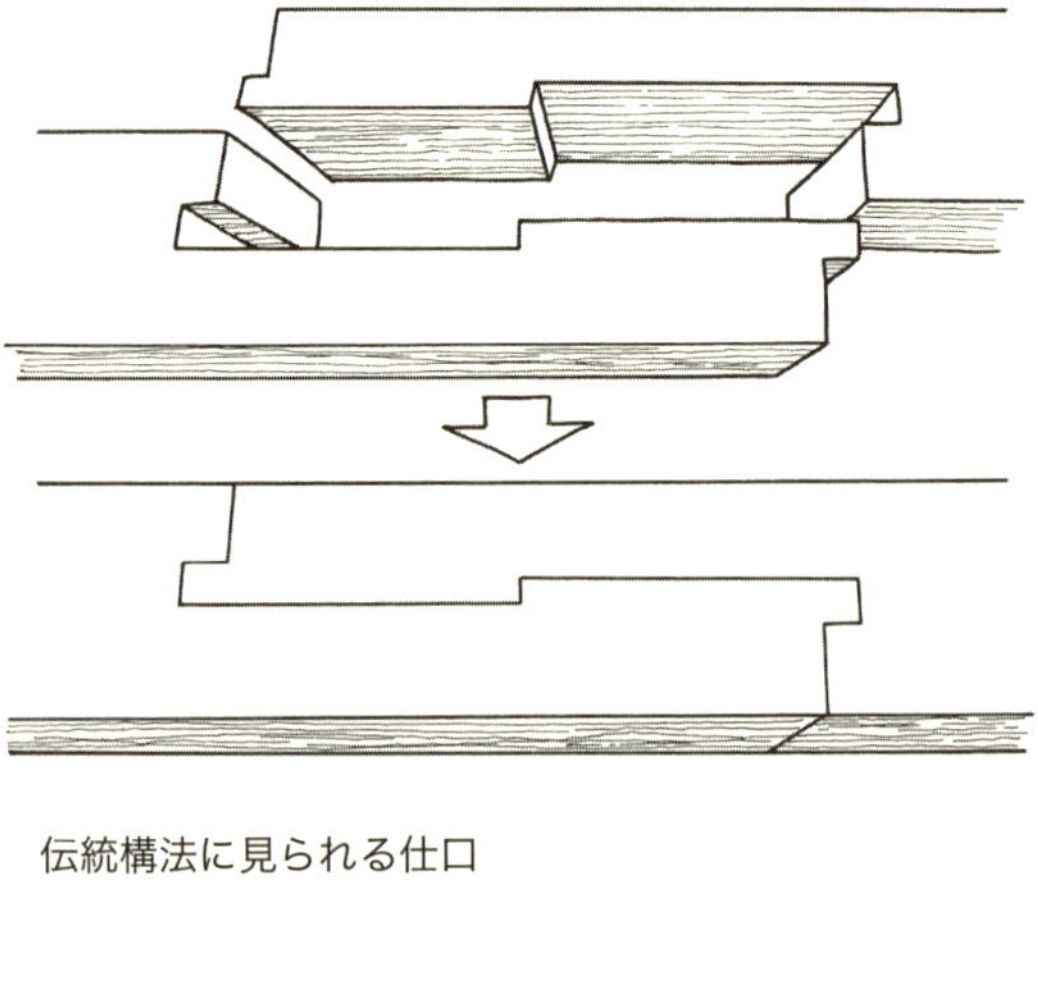

図 1・12　伝統構法に見られる仕口

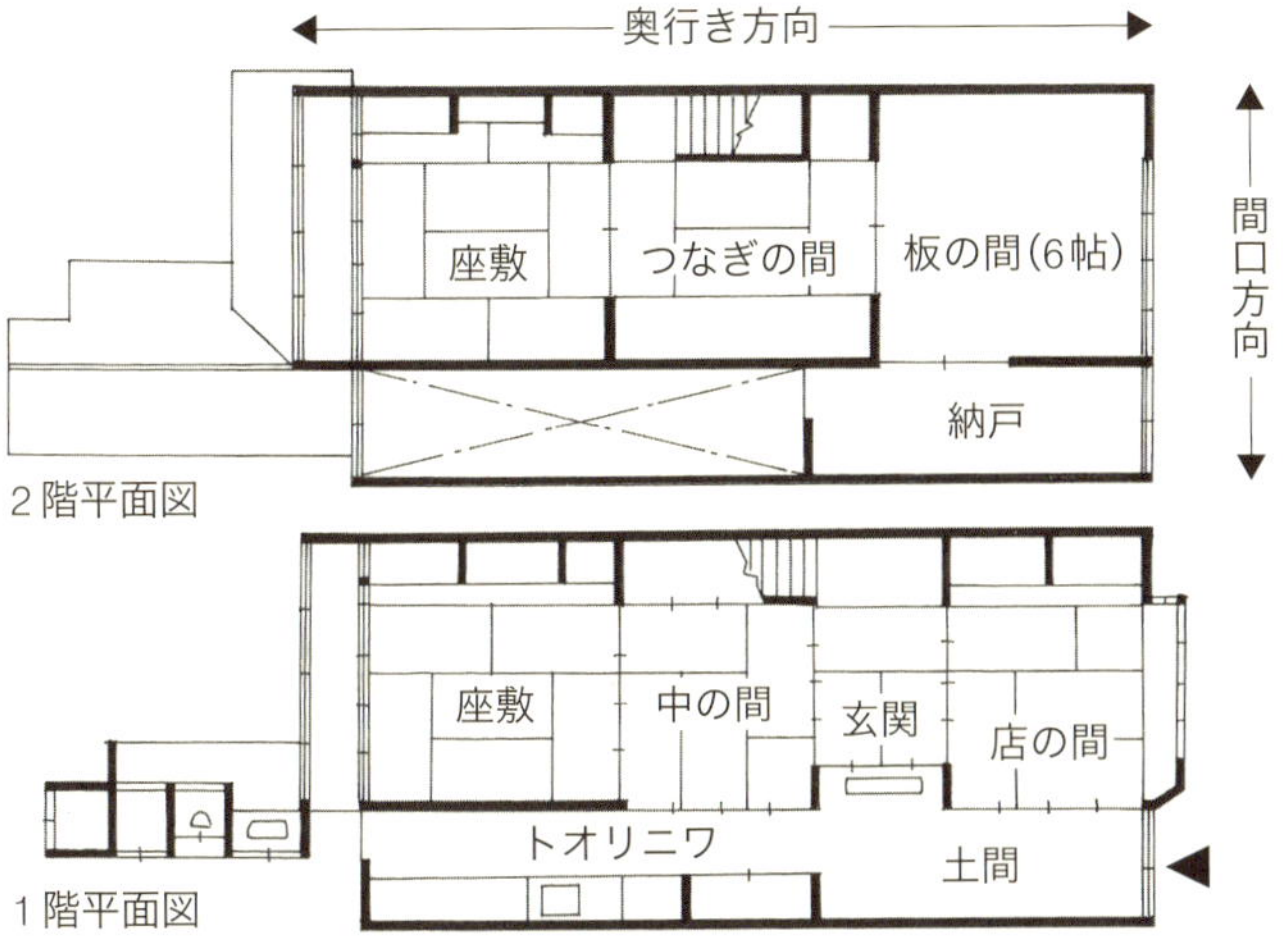

図 1・13　標準的な町家の平面図（強固な壁の分布）

図 1・14　トオリニワの見上げ

リニワの空間を見上げてみましょう。一般的に天井のない吹き抜けになっているので、屋根を支える小屋組の構造を間近に見ることができます(図1・14)。そこでは屋根を支える複数の柱が梁の上に立てられているのですが、さらに「貫《ヌキ》」と呼ばれるたくさんの水平材が、その名の通り複数の柱を貫通しており、縦横に部材が組み合わさる様相はさながらジャングルジムのようにも見えます。これは、こうして縦横の部材が交差するポイント、つまり摩擦を発生させる場所を増やしておくことで、力が加わった時にも一部のみに集中させるのではなく、全体として強い抵抗力を発生させる工夫であると考えられています(注3)。

つまり地震などによって伝統木造建築に加わった強い揺れの力は、柱のような垂直部材とこれを横につなぐ水平部材とが仕口部分でギシギシとこすれあう摩擦を利用した、しなやかな減衰装置によって吸収されていたのです。

◆あえて破壊させる

実は一見すると脆そうな土壁も、同様の効果を発揮する重要な要素であると考えられています。伝統的な土塗り壁のつくり方は、まず柱と梁に四方を囲まれたフレームの中に、木や竹などの細材を格子状に編み込んだ下地（木舞《こまい》竹《だけ》）をしっかりと固定することから始まります。この下地に荒縄などを巻き付けて土の定着を良くしておいて、その上に何層かに分けて土を塗り込めるという手順になります（図1・15）。こうして丁寧につくられた土壁は、その結果、柱・梁に囲われたフレーム間に隙間なく充填されることになります。そして、地震時にフレーム自体を歪ませようとする地震力が加わると、間に詰まった土壁に力が伝わり、土壁自身が亀裂を生じたり若干崩れたりしながら地震のエネルギーを吸収し続け、フレームから脱落しない限りは最後まで抵抗として働く能力を発揮するのです。実際に宮城・岩手内陸地震

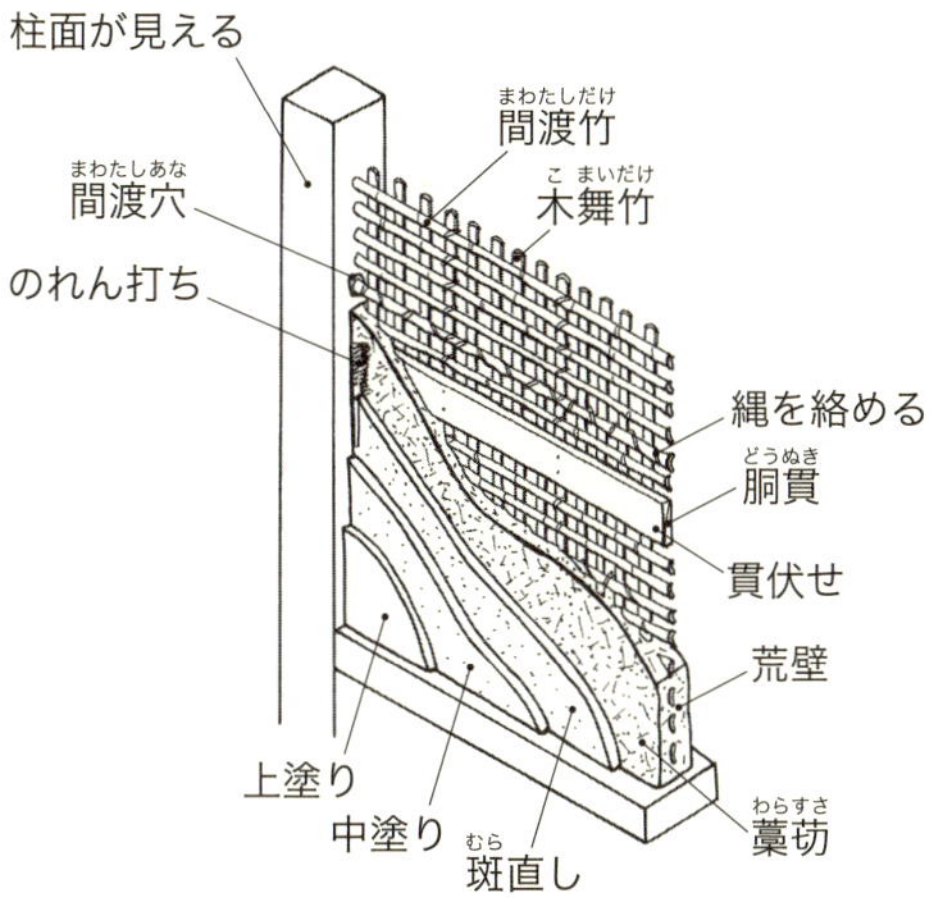

図1・15　土壁の断面構成

や東日本大震災においても、土壁が被害を受けつつも建物自体は倒壊しなかった事例が無数に存在しています（図1・16）。

つまり土壁は、よく言われるように室内の湿度調整や防音、断熱、防火を担っているだけでなく、地震時には「自ら崩れつつ変形しながら力を吸収する」ことで、力の減衰装置としても役立つ伝統的な多機能部材と考えることができます。地震時に壁が崩れてしまっては困るようにも見えますが、地震で建物全体を倒壊させてしまうよりも、後で何度でも修復可能な土壁を「あえて」破壊させる方が、遙かに復旧コスト全体を小さく保てるわけです。

図1・16　瑞巌寺の土壁の地震被害（宮城県・松島町）

◈めりこみを利用する

では逆に土壁を持たない伝統構法の場合、前述した「こすれ合い摩擦」のみが減衰に有効な要素なのでしょうか。実は土壁がない場合でも、柔らかい木材の特性を活かして地震エネルギーを吸収しているもう一つの機構が存在すると言われています。

「めり込み理論」と呼ばれるこの考え方は、木造建築の仕口に関する詳細な研究で明らかにされてきた現象です(注4)。梁や貫などの厚みのある水平の部材に対して、同じく厚みのある柱などの垂直部材が組み合わされる場所では、地震動などによって揺らされることで木材の繊維方向に沿った堅い柱の角が、反対

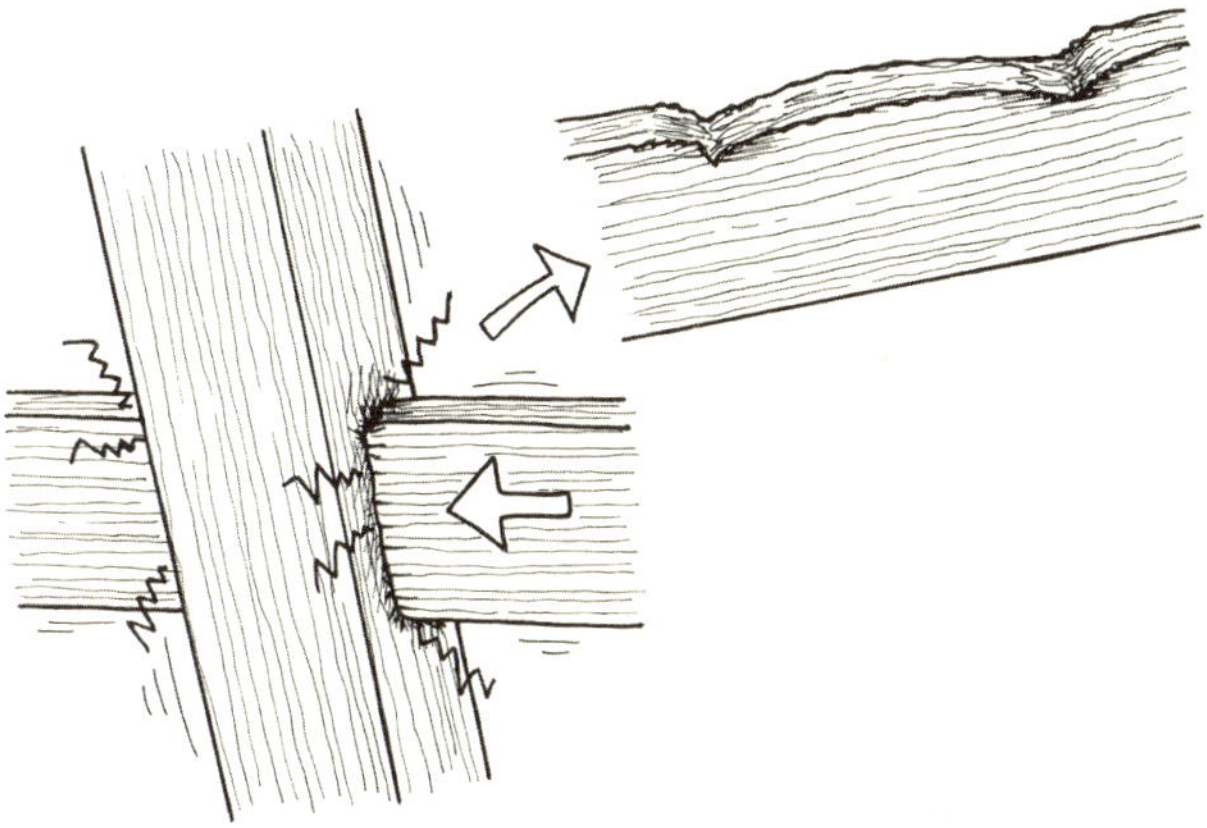

図1・17　めり込み理論の概念図

に繊維方向に直行する柔らかい梁や貫の上面や下面に押しつけられ、そこに「めり込む」現象が起こります（図1・17）。この木材がめり込む時のクッション効果が、柱と梁の接点において抵抗付きのバネのように働いてエネルギーを吸収することで、大きな地震力でも部材が一気に折れることを防ぎ、建物全体にしなやかな粘り強さをもたらすと考えられているのです。現在では、この特性を計算に入れた新しい構造設計手法も開発されています。

建物全体として地震のエネルギーを吸収するという、これらの伝統的建造物に備わる地震対応能力は、現代の「制震」という最先端の地震対策技術にも活かされているのです。

3

「ドミノ倒し」が止まるわけ

——復元力が決め手の巨大柱構造

◆なぜ途中で止まるのか

しかしこれだけでは、まだ問題が残ります。地震をしなやかに受け流しつつその力を吸収するだけでは、地震時にうまく倒壊を免れることができても、地震後には建物全体に大きな歪みが残ってしまうためです。

実は伝統木造建築は、この問題にも対応できる、優れた「元に戻ろうとする力」を持っているのです。身近な例として「ドミノ倒し」を考えてみましょう。ドミノの駒には少しの厚みがあるため、水平で平らな場所には立てた状態で自立させることができます。立てた駒を指で押すともちろん倒れてしまいますが、慎重に押して倒れる前に手を離せば、倒れずに元に戻ろうとします。ドミノ倒しが途中で止まってしまう原因にもなるこの力は、専門的には「転倒復元力」あるいは「柱傾斜復元力」と呼ばれています。

では、この力をより強いものにするためにはどうしたら良いでしょうか。最も簡単な方法は、ドミノの駒の厚さをもっと分厚いものにすることでしょう。さらに強化するためには、厚みのある駒をたくさん並べてその上に板を載せ、重りを載せれば良いことになります。寺社建築などではしばしば、建物を支えるのに十分以上の太さを持った柱を目にしますが、柱を太くしつつ上から屋根などの重量物で押さえつけることで、これと同様の効果、つまり変形を元に戻そうとする力を発揮させていると考えられています（図1・18）。

図 1･18　転倒復元力の概念図

◆巨大柱の建築列伝

ここで巨大な柱を持つ建物について見てみましょう。

奈良の「東大寺大仏殿」は、現存する世界最大の木造軸組建築であることが知られていますが、正面の幅約57・5メートル、奥行き約50・5メートル、棟までの高さ約46メートルに及ぶ、まさに巨大建築としてその偉容を誇っています。さらに幅に関しては、752年創建当時は現在よりさらに1・5倍ほども大きかったようです(図1・19)。総重量3020トンに及ぶ屋根の重さを支えるために、当初は直径1メートルを超える柱が84本も使われていたとされます。なお、それだけの太さの木材を用意する(原木を探して切り出す)こと自体が困難なため、現存する

図1・19　鎌倉再建東大寺大仏殿(奈良県・奈良市)

江戸時代の再建になる柱は、複数の木材を金属の帯で束ねて組み立てられています。単純計算では柱1本あたり約36トンを支えなければならないことになりますが、木材の縦方向の圧縮強さは、最も弱い材質の場合でも1平方センチメートル当たり200キログラム重とされていますので、40倍以上の荷重を支えられる計算になります。……こう考えるといくら何でも太すぎますよね。

他にもこうした例は数挙にいとまがありません。本殿が国宝に指定されている出雲大社からは、平安時代後期（11〜13世紀ごろ）の本殿を支えた柱の根元部分（柱根）が出土しています。柱根は丸太3本を束ねた形状で、直径は計3メートルもあったそうです。このことは、当時の本殿が東大寺大仏殿をしのぎ、国内一の高層建築だったとする伝承を裏付ける発見となりました。というのも、平安の文人、源為憲の書物「口遊《くちずさみ》」では、高層建築の順を「雲太（出雲大社）和二（東大寺大仏殿）京三（平安京大極殿）」と表現し、出雲大社を当時国内最大の高層建築と記述していたためです。

束ねられた丸太はすべて杉材で、断面は円形に近い楕円形であり、短径でも1・1メートルでした。周囲の堆積層から、当時1・7メートル以上は地中に埋められていたと推測されています。また、出雲大社には本殿が現在の2倍に当たる18丈（48メートル）に達していたとの言い

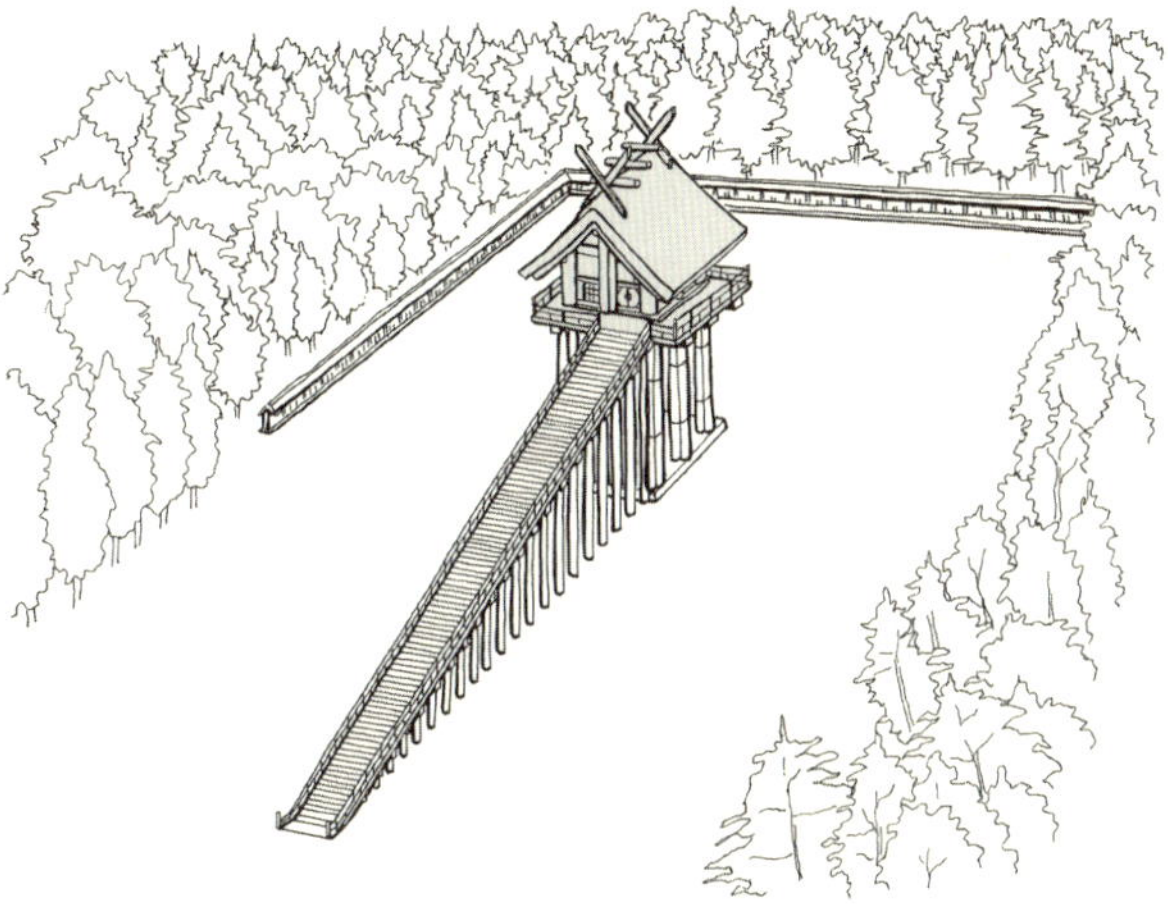

図 1･20　古代出雲大社の神殿（想像図）
（出典：福山敏男監修、大林組プロジェクトチーム編『古代出雲大社の復元―失なわれたかたちを求めて（増補版）』学生社、2000 年をもとに作画）

図 1･21　現在の出雲大社（島根県・大社町）
（出典：http://www.dokuritsuken.com/izumo/cat22/ をもとに作成）

伝えが残っており、研究者からは今回の発見で「本殿48メートル説」がほぼ裏付けられたとする見方も出ています（図1・20）。

確かにこれだけの高さを支えるためには、相応に太い柱が必要であったと思われますが、出雲大社本殿は、建物平面の規模も先の東大寺大仏殿と比して、2間四方と遙かに小規模で、屋根も檜皮などの軽量な材料で葺かれていたため、構造的にはこれほどまでに太い柱は不要だったはずです。

やはり、天へと伸びる垂直性を強調したい一方で、横に倒れないようにするためにも、柱そのものに必要十分以上の太さを求めた結果と考えるのが妥当でしょう。

なお、現在の本殿は延享元（1744）年に造営され、高さ約24メートルで、柱の太さは約0・9

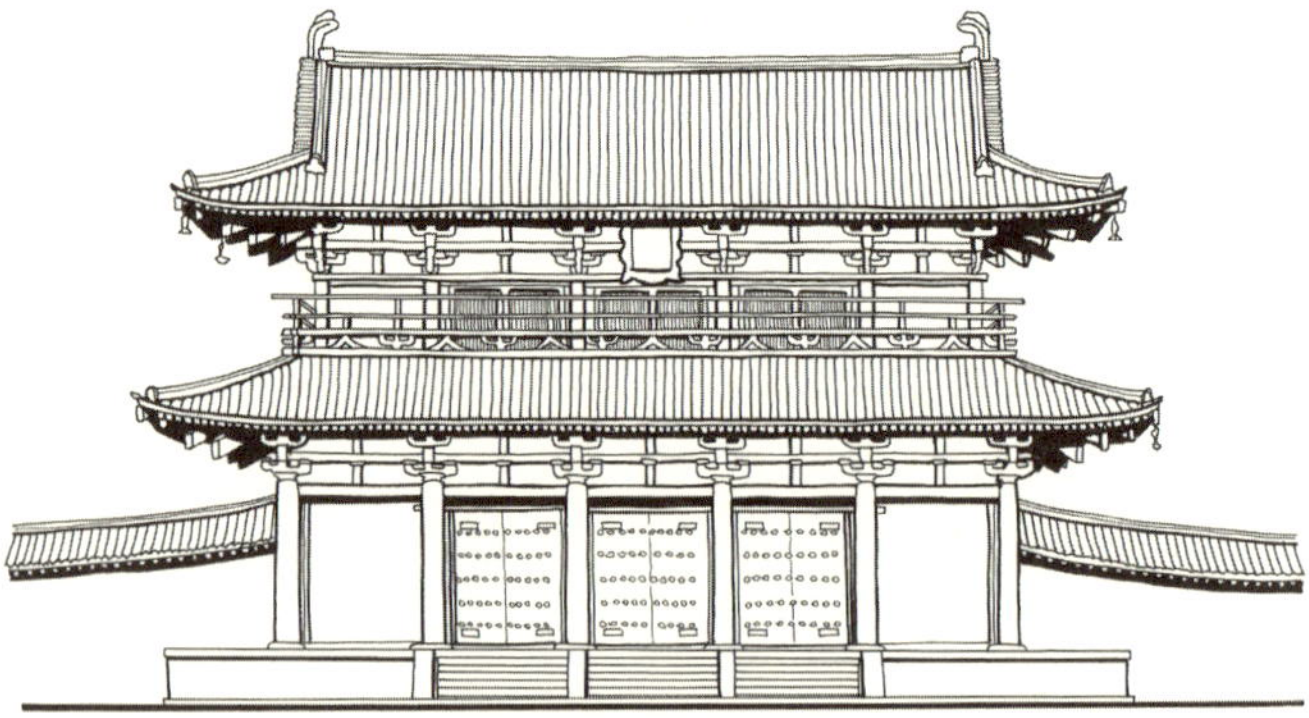

図1・22　再現された朱雀門（奈良県・奈良市）

メートルとなっています（図1・21）。

近年の例として、当時の建物を再現すべく奈良の平城宮跡に1998年に建設された「朱雀門」があります（図1・22）。建築に当たっては、再現とはいえ建物自体が新築扱いとなるため、現代の建築基準法に適合させる必要がありました。このため、朱雀門の3分の2スケールの柱2本と頭貫、大斗で構成された門型フレームを試験体として、積層木材による耐震壁を入れた場合も含めて実験が行われました（図1・23）。その後、ステンレスパネルを用いた補強耐震壁の実験結果にも基づいて、この転倒復元力を計算した上で木造による復元案が大臣認定の取得にこぎ着けており、現代でもこの考え方が十分に通用することが実証されています。

図1・23　朱雀門の構造解析のための実験
（提供：井上年和（一般財団法人建築研究協会））

4 揺れが来たら空を飛べ

――石場建ての免震効果

◈建築が飛びはねる？

伝統木造建築の中には、さらに驚くべき方法で地震を生き延びたものもあります。阪神・淡路大震災の際、淡路島の一宮町群家の西明寺の鐘楼は震災後も倒壊することなく建っていたのですが、問題は地震後に建っていた場所で、もとの位置から架構の対角方向に約75センチメートルも移動していたと言うのです（注5）。

地震時に、伝統木造構造物が破壊されずに移動することは、実は意外とよく知られた現象であるようで、震度6強あたりから鐘楼などの移動が起こりやすくなると言われています（図1・24）。近年の例では、２００７年3月に発生した能登半島地震の際に震度6強だったと見られる黒島町の若宮八幡神社では、高さ約5メートルの木造鳥居の柱六本が、約15度回転しながら北西方向に30センチメートル〜1メートルほど移動していました。しかも詳しい調査の結果、礎石付近の地面には柱が引きずられたような痕跡がなかったため、震動で少しずつ移動したのではなく一飛びで一気にずれたものと考えられています。この地域では福善寺で約70センチメートル、名願寺で50センチメートル程度、それぞれ鐘楼の移動が確認されており、穴水町の法性寺では、鐘楼の柱がはねて30センチメートル動いた後、さらに二段飛びで30センチメートル先に飛んだと見られる跡があったそうです。このような地震時の物体の移動状況を詳しく調査することで、過去の大地震や震度計のない地域の震度を推定する研究も進められています（注6）。

図1・24　宮城・岩手内陸地震で移動した神社

興味深いのは、これらの地震時の移動の多くが、構造物を倒壊させることなく発生していることです。まるで建物が、地震の瞬間に激しく揺れる地面を一旦離れ、その後に何事もなかったかのように地上に踏みとどまったかのようにも見えます。

◈石の上に建つ

このような現象を引き起こす理由は、伝統木造構造物の基礎部分にあります。日本古来の伝統建築には「石場建て」と呼ばれる、束石という独立した自然石の上に石の形に合わせて端部を整形した柱を立てただけの基礎とする構法があります(図1・25)。単純に石の上に柱を載せただけですから、地震のような激しい衝撃では柱がたやすく外れてしまうことになります。最近の研究ではこの部分が固定されていないことによって、大地震時には逆に建物全体が倒壊しないで済むことがわかってきました。逆にここを固定してしまうと、地震のエネルギーが地面から直接柱に伝わることになり、地面とともに激しく柱が揺さぶられて建物全体の倒壊につながる可能性が高まるとも言われています。

このように建物の基礎と柱との間を直接固定せずに、力を逃がす仕組みを挟み込んで建築する方法は、最新の地震対策にも活かされています。

現在の建築基準法では、建築するに当たって基礎と柱や土台を固定することを基本に義務づけているため、「石場建て」で建物を新築することは難しい状況です。その代わりに、基礎と建物本体との間にゴムの板と金属の板を交互に積み重ねた積層ゴムを取り付けたり、コロを使った滑り装置を挟み込んで固定したりする技術が開発されています。地震を建物に伝えないという意味で「免震」技術と呼ばれ、現在この手法は、住宅から巨大高層ビルにまで応用されています（図1・26）。

奈良の平城宮跡で２０１０年に「新築」により復元された「第１次大極殿」は、幅約44

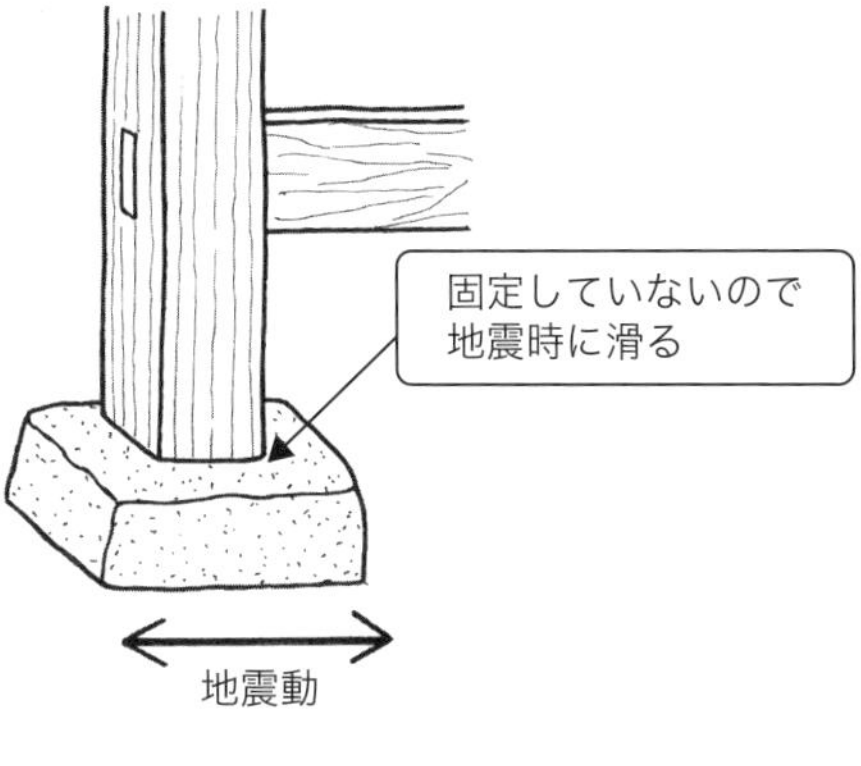

図 1・25　石場建て構法の概念図

メートル、奥行き約20メートル、高さ約27メートルという、先述した朱雀門のおよそ5倍の大きさに及ぶ巨大木造建築です(図1・27)。この建物も発掘された柱の跡だけを頼りに、当時の中国の建築様式を研究することで再現されたものですが、先ほどの門とは異なり内部空間を持つ建築としての新築申請となるため、なんと建物全体を「そのまま」巨大な免震装置の上に載せることで解決を図っています。つまり地面から伝わる地震力そのものを弱める作戦です。立派な基壇に載せられた建物ですが、注意深くその基壇を観察いただければ、縁が浮いていて巨大なお盆の上に乗っていることがわかります(図1・28)。

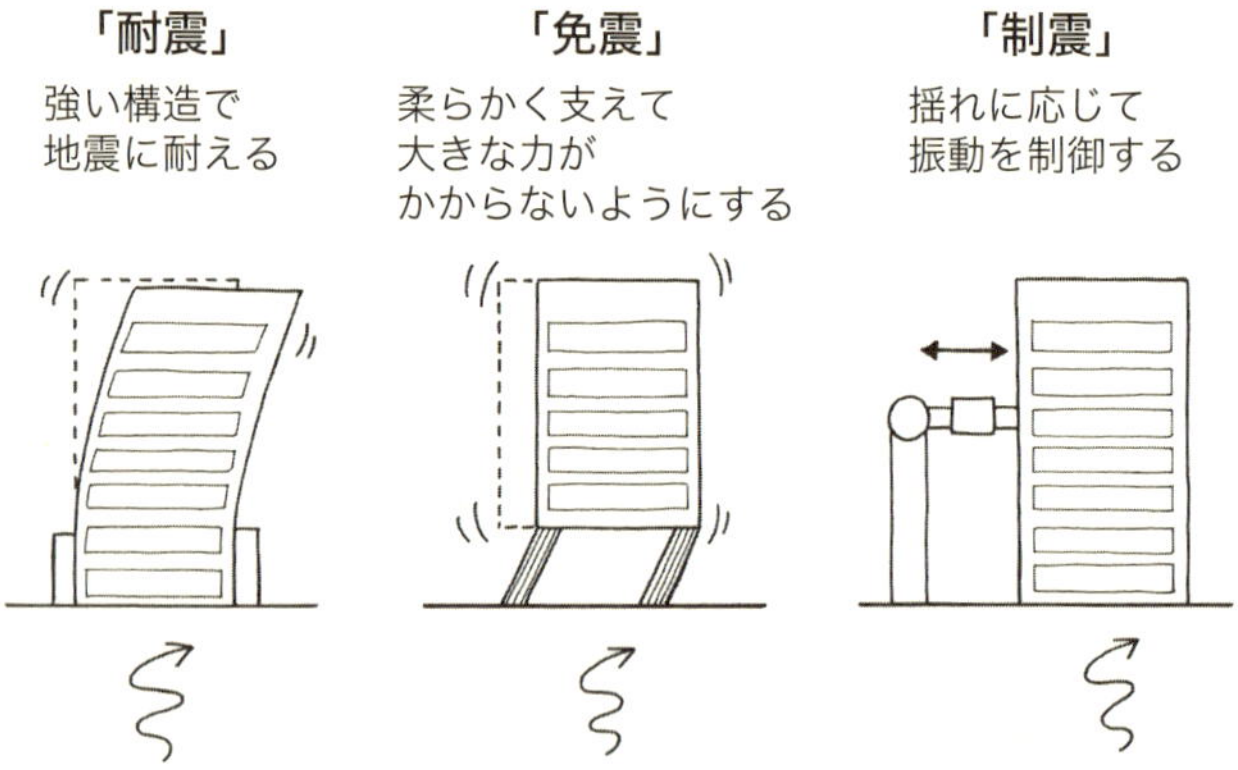

「耐震」
強い構造で
地震に耐える
「免震」
柔らかく支えて
大きな力が
かからないようにする
「制震」
揺れに応じて
振動を制御する

図1･26　現代の地震対策の考え方

図 1･27　第一次大極殿（奈良県・奈良市）

図 1･28　第一次大極殿の免震基壇内部

5

そもそも耐震性能は必然？・偶然？

――事実と解釈のはざまに

以上のように整理をしてみると、日本の伝統的な建築物や町並みは、本質的に耐震性能を備えるべく、歴史を通して「進化」してきたように思われます。

しかし本当にそうなのでしょうか。建築構造に関する研究手段がない時代に、しかも100年以上の時間間隔、つまり数世代に一回のペースでしか発生しない地震災害を相手にして、本当に先人たちはトライ・アンド・エラーのみで経験的に技術を磨いていったのでしょうか。

例えば五重塔は確かに歴史の中で数多くの地震を生き延び、その能力は実験でも証明されています。しかしその仕組みの核となる「心柱」は、そもそもブッダの卒塔婆《そとば》として建立された墓標であり、その証拠に建物の基礎を構成する基壇の心柱の下には、ブッダの遺骨である仏舎利が収められているとされています。五重塔の基壇がよくまんじゅう型をしているのは、これが古代インドに由来するストゥーパ（卒塔婆はこのストゥーパの発音が語源）に起源があるためと考えられています（図1・29）。

つまり宗教的には、五重塔の建築部分は遺骨（基壇）と卒塔婆（心柱）からなるブッダの墓を、ただただ風雨から守るための「鞘堂《さやどう》」であったとも解釈されます（注7）。

そう考えれば、その柔らかな構造を可能にしている「心柱の構造的な独立性」は、「聖なる柱に傷を付けない」ために考え出された仕組みとも理解することができます。つまり、結果的に独立した心柱が地震対策の要になってはいるものの、それはもともと地震対策を目的として編み出された構造ではない可能性もあるのです。

巨大宗教建築の柱の持つ「転倒復元力」についても同じように考えることもできます。必要以上に太い柱は、地震時に倒れそうになっても

図1･29　ボダナート（ネパール・カトマンズ）

元に戻ろうとする力を発揮しますが、柱を必要以上に太くした理由は、宗教的な威厳を強調しようとした結果であり、必ずしも耐震性を考慮して太くされたのではないかも知れません。

伝統構法に見られる「石場建て」の仕組みも、前述のとおり石の上に浅く柱を載せるだけの基礎とすることによって、地震時の応力を逃がして建物全体を崩壊させない効果があります。しかし、雨の多い温帯モンスーン気候に属する日本においては、もし石を深くえぐって柱を差し込めばそこに水が溜まることになり、木製柱の根本を腐らせることにつながります。逆にこれを避けるために柱を深くえぐってそこに石の突起をはめ込んだとしても、今度は柱の根本の強度が失われることにつながります。そう考えれば、この仕組みは地震対策というより、柱の腐食対策として一般化したものなのかも知れません。

このように「地震を受け流す」減災の知恵を、地震対策へ向けた先人たちの飽くなき探求の結果と見るか、あるいは様々な背景の上に成り立った偶然の副産物と見るかについては、ダーウィンの進化論と同様にどちらも一つの解釈でしかありません。

果たして先人は何を意図してそのようにデザインしたのか、どちらの解釈が本当なのか、あるいはどちらも本当なのか、伝統建築を眺めながら考えを巡らせてみるのも、歴史探訪の一つの楽しみ方ではないでしょうか。

6

逃げるが勝ち
――避難を考えた特殊建築

一方、始めから地震対策を意図して建てられた、と考えられている建築や部位の記録も残っていますので、最後にご紹介しましょう。

◆避難する知恵

まず家族単位による対策として、「地震小屋」と「地震戸」について見てみましょう。

少なくとも安土桃山時代から、一部の身分の高い家では、地震に備えて「地震小屋」という避難用建築のための資材を準備していたようです。

『言経卿記』には、文禄5（1596）年の伏見地震での震災対応の様子が描かれているのですが、地震の翌日（閏7月14日）の条には、古い柱や竹を興正寺より借りてきたことが記録されています。しかし邸宅の修理には別に材木を用いていることから、言経は地震小屋を設けるために柱や竹を必要としたようです。このように山科言経家では、庭に地震小屋を設けて避難生活を送ったのだと考えられています。さらに、安政元年（1854）年の伊賀上野地震についての記述には、「古木や古竹」で地震小屋が設けられていることが記されています。上述の伏見地震の際にも返却の際に「古キ材木」や「古竹」との表現がなされていたため、地震小屋には古い柱や竹が使われており、これらの材料は古い柱や竹を再利用する形であらかじめ用意されていたものと想定されています（注8）。このように地震小屋は、地震災害の直後に設置されたものであり、通常の家屋修理用の材料とは別に、建築資材の形式であらかじめ保管しておくことで容易に復旧ができるように工夫された、いわば自家用の応急仮設住宅建設のためのストック・システムであったと考えることができます。

一方、庶民的な対策としては、地震時にすぐに屋内から逃げ出すことができるよう、家ごとに「地震戸」と呼ばれる小さな戸口が設けられていたようです。『家屋雑考』には、「これは雨戸の所々に設けられた一種の潜り戸のことを意味し、掛け金を外せばバネ仕掛けで開くというものである。地震だけではなく、使い勝手が良いことから諸事の際にも使用されていた。」（注9）と記されています（図1・30）。モースもまた、この地震戸について次のように述べています。「家の出入口の戸締りに使う雨戸は、いちばん後に締める雨戸に、潜《くぐ》り戸 kuguri-do と呼ばれる小さな四角形の戸口が設けられている。この戸は、引戸式か開き戸式かである。この戸口は、夜間の戸締り後の出入口となるものである。この戸口はまた地震戸とも呼ばれている。それは、緊急時に雨戸を開けることなく、家族が容易かつ迅速にこの戸口から脱出できるからである。」(注10)

このように「地震戸」は、家屋などの玄関に設置された「雨戸に組み込まれた扉」であり、夜間など重く大きな雨戸を開けなくとも素早く開くことができ、家族が逃げ出しやすいように設置されたものと考えられます。地震時だけではなく普段から利用し維持することを考えた、緊急時にも対応が可能な非常口兼用の潜り戸として使われていたようです。

図 1・30　地震戸の解放機構
(出典：エドワード・S・モース著、斉藤正二・藤本周一訳『日本人の住まい』八坂書房、2004 年をもとに作図)

◆VIPの避難所

また、家族よりも大きな単位で行われていた対策としては、その名前が示すとおり、京都御所の「地震殿」(注11)（図1・31）と「泉殿」、彦根城・楽々園の「地震の間」(注12)（図1・32)、江戸城西丸(注13)の同じく「地震の間」を挙げることができます。これらは、いわば耐震建造物として常設された避難所であったようです。

これら地震殿や地震の間の建設の経緯は、次のように記されています。「近世より主要建造物は、朝廷の権威強化や建築様式の変化に伴い、屋根を大きくする傾向にあった。高くて大きい屋根は威圧感を与えるが、構造的に地震の横揺れに弱く、災害時には危険なため、すぐ近くに避難所を建てる必要があった。」(注14)

これら江戸時代に建設された3種類の避難所は、互いに類似した耐震構造となっており「江戸時代に造られた地震に備えた建築の耐震計画は、屋根葺材を軽量なものとし、足元の剛性を高めたり床の重心を低くして構造に耐震的有効性をもたせるものであった」(注15)と考えられています。重心を低くすることで揺れを軽減させ、万が一崩壊したとしても、軽量な屋根を載せておくことで人命を守れるように配慮されていたのです。また3種類とも、横揺れに耐えるた

図 1･31　京都御所・地震殿（京都府・京都市）

図 1･32　彦根城楽々園・地震の間（滋賀県・彦根市）

めに必要となる強固な耐力壁は逆に少なく、出入り口が多く設けられるなど、開放的に設計されていました。「四方壁なし」（注16）や「四方へ出られる様、壁間を少なくして開放的にし用材を吟味して細くて丈夫なものを用い、重みのかからぬ工夫、天井の張り方、床の張り方等にも細心の注意がしてある」（注17）と指摘されるように、頑丈さよりも、逃げ込みやすく逃げ出しやすいよう工夫されていたと考えられます。

これらは度重なる余震に対応するために身近な場所に用意された常設の避難所であり、あらかじめ耐震・免震的な工夫を盛り込んで建てられていました。地震時には即座に逃げ込みやすく、また逃げ出しやすいよう、強度よりも避難口を優先的に確保できる工夫がなされていたようです。

公家や城主のような身分の高い一部の人々に限られてはいたものの、震災時に備えてあらかじめ身近な場所に安全な建物を用意しておくことで、１００年から１５０年に一度程度の地震災害に対しても十分な配慮がなされていた事実は、現在の我々にとっても学ぶべき点は多いのではないでしょうか。

2

燃えても守れる火災対策

◆木でできた町

日本の伝統的な建築とこれにより構成される都市や集落は、基本的に木を主体につくられています。私たち日本人にとっては当たり前の事実ですが、こと外国人（とりわけ西洋人）には奇異に見えるようで、天正13（1585）年にイエズス会宣教師ルイス・フロイスがまとめた『日欧文化比較』（注1）には、ヨーロッパと対比する形で日本の家屋・建築・庭園に関して述べた章があり、「われわれの家は石と石灰で造られている。かれらのは木、竹、藁、および泥でできている」と書き残されています。そもそもなぜ日本の建築は植物性材料、主に木材でできているのでしょうか。

これは、日本列島がおかれている気候環境と切っても切れない関係にあります。

中学校で習うように、日本はその地理的特質から大きく6つの気候区分に分けられていますが、北海道気候を除く大部分（太平洋岸式気候、日本海岸式気候、内陸性気候、瀬戸内式気候、南西諸島気候）では梅雨もあり、一年を通じて比較的温暖・湿潤で雨の豊かな土地であるということができます。この豊かな恵みの雨は植物の生育に適しており、古来より資源の乏しい日本にとって、木材は数少ない自給可能な材料だったのです。

　これを背景に、木造文化は数千年の歴史を経て熟成されていくわけですが、徳川家康が江戸に幕府を開き、江戸城周辺に大名や旗本が屋敷を構え、彼らの生活を支える商人や職人が集まるようになると、いよいよ日本を代表する都市・江戸は、世界最大の「木造メガロポリス」として発展していきます。人口は1640年ごろに約40万人だったものが、半世紀も経たない元禄6（1693）年にはほぼ倍増し、その後享保6（1721）年までには30年足らずで110万人に到達しています（注2）。享保10（1725）年の江戸の町の人口密度は6万8807人／平方キロメートルだったとされ、近年の東京都23区で最も人口密度の高い中野区でも1万9243人／平方キロメートル（注3）ですから、その3倍を軽く超えており、いかに高密であったかがわかります。ちなみに、都市人口密度で世界最高を記録していると言われる場所は、モルディブ共和国の首都マレで、約6万1400人／平方キロメートル（注4）とされていますが、なんとそれよりもまだ高密であったことになります。

　これだけの「超」過密都市がほとんど木でつくられているわけですから、ひとたび火事が起きるとあっという間に延焼につながり、大火はある意味、当時の江戸では日常であったと考えられます。よく「火事と喧嘩は江戸の華、そのまた火消《ひけし》は江戸の華」と言われますが、火消の華やかな働きぶりと、江戸っ子の喧嘩は威勢が良く、どちらも江戸の見ものであったことを指しています。

◆昔の火の消し方

当時の消火活動は、当然ですが現在のように消火栓もなく、消防ポンプ自動車もない状況で行わなければなりませんでした。このため今も昔も火災は早期発見が死活問題であり、そこかしこに火の見櫓が建てられ、煙が上がるのを確認するとそれが遠くであっても早鐘を鳴らして地域に知らせる体制がとられていました（図2・1）。

また初期消火に必要な防火用水は普段の生活でも使用されるため、地域の用水などは、生活の心得として住民らによる清掃等が行わ

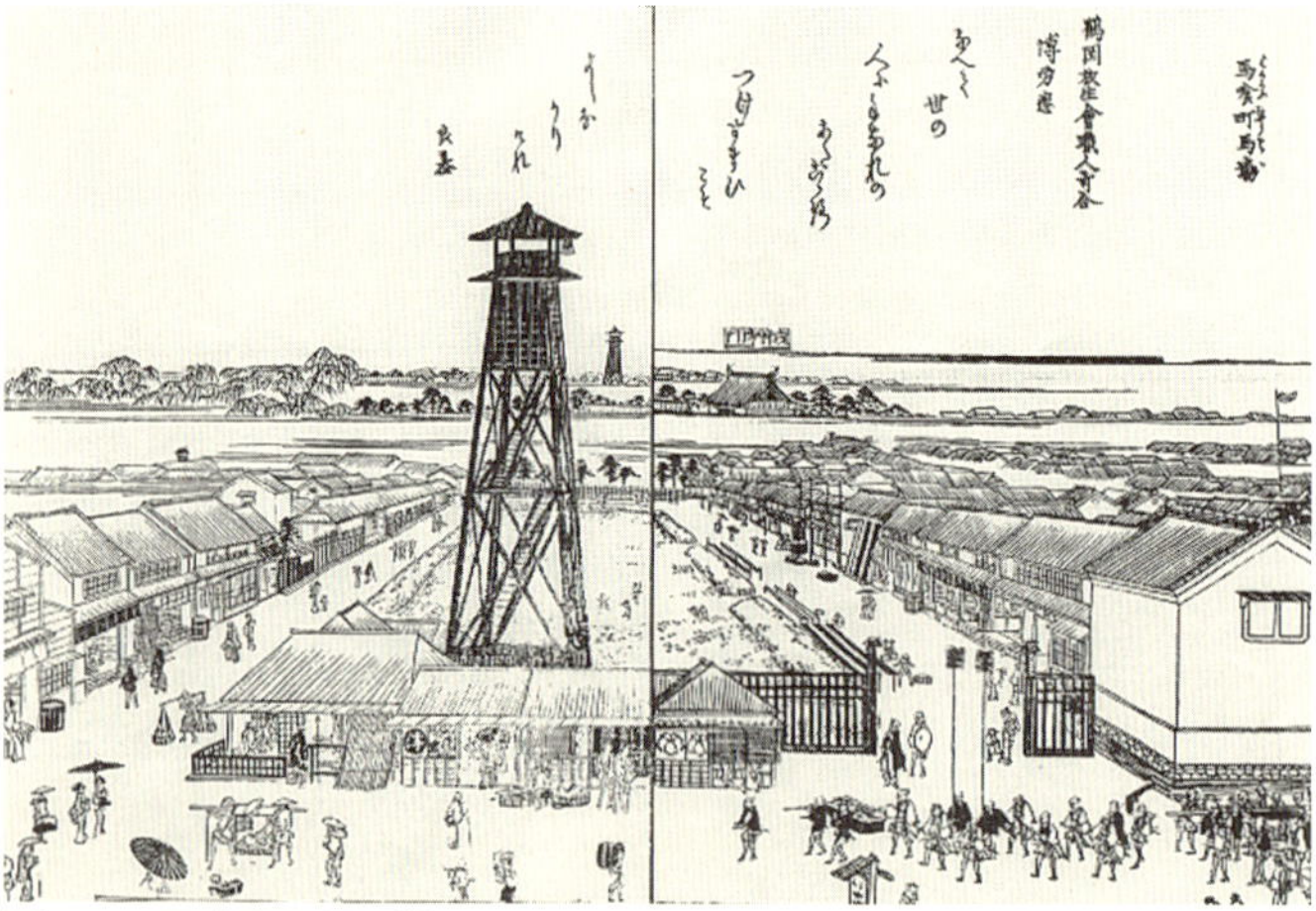

図 2・1　馬喰町馬場に描かれた火の見櫓（出典：『江戸名所図会』）

れていました（注5）。このことによって、火災時にも日常時の延長として問題なく誰もが利用できる状況を維持してきたのです。

地域の自衛対策については、地域単位で火を出さないルールや掟を設けて、火災を未然に阻止してきたようです。例えば慶安元（1648）年12月21日の触書からは、火の扱いに対して厳しい取り決めがあったことが指摘されています（注6）。

一、月行事（月番の名主）は夜番所へ見廻ること
一、出火時は辻番に告げて連絡を各町に出すこと、もし辻番が寝ていたりしたら捕えて橋の上にさらし者にする
一、町ごとに水桶、天水桶に水を入れておくこと
一、二階で火を用いること禁止　など

また、一般市民に対しても初期消火活動を義務づけ、罰則を設けて協力しない者に対する取締りも強化されていたようです（注7）。例えば、「火事が発生したら火元の者は荷物などには構わず大声で知らせ、家主だけでなく店借《たながり》（借家人）に至るまで、手桶に水を入れかけ集まって消

すこと」、さらに「もし参加しない者がいたら、後日過料を取りたてること」「隣町も消防に加わり、消防に参加した者は隣町を含めて記録して届けること」などが命じられていました。万治元（１６５８）年の触書には、火事の場合は人足を集めていると時間がかかるので、「火消役が出動する前に一人ずつでも火元にかけつけて消防にあたること」「消火に努力した町には褒美を与えること」「遠方の火事の場合は、決まった場所に集まり火の粉を消すこと」とし、「町奉行の与力・同心が指図すること」などが定められていました。

つまり出火時には、まず地域住民が駆けつけて初期消火にあたることで、被害を最小限に抑えるルールが、共助の心得として定められていたのです。

◆火消という人々

一方、初期消火のレベルを超える場合の防火活動は、いわゆる「火消」と呼ばれる消防組織が担っていました。よく時代劇で「め組」などと書かれた纏《まとい》を競って火事場に立てるシーンなどを目にしますが、これにも一般の町人地を守るために町人自身によって組織されていた「町火消」と、武家地の対応に当たるために幕府直轄の旗本が担当した「定《じょう》火消」、さらに大名の義務として命じられていた「大名火消」というように、所轄の分担がありました。その後、享保の改革によって江戸の中期に町火消が制度化されると、町火消が江戸の消防活動の中心になるのですが、いずれの時代も彼らは身一つで延焼火災に対峙しなければなりませんでした。

当時の消防活動は今から考えると、ある意味たいへんに乱暴な方法でした。原則として、消防活動は火が燃えるのに必要な3つの要素である温度、酸素、可燃物の少なくとも一つを取り除くことが必要ですが、当時は近代的な「注水消防」によって温度や酸素を奪うことが十分にできなかった以上、ひとたび手桶などを使った注水による初期消火に失敗してしまうと、残る手段は燃えるものを取り除くという、いわば

図2・2　江戸失火消防ノ景（出典：梅沢晴峩『紙本着色・巻子装』文政12（1829）年）

「破壊消防」に頼るしかなかったのです（図2・2、2・3）。つまり、火事が起こると、火消たちは燃えている建物そのものに取り付くだけではなく、火元付近の「これから燃えるかもしれない」、つまりはまだ燃えてもいない建物にも取り付いて、これらを破壊し引き倒す（燃え草を取り除く）ことで延焼を食い止めていたのです。

実は江戸時代にも「竜《りゅう》吐《と》水《すい》」と呼ばれる手押しの簡易ポンプが発明されていましたが、その能力はきわめて限られていたため、竜吐水の水は火を消すためというより火事場で活動する火消たちの身を守る目的で、主に人間に水をかけるために使われていました（図2・4、2・5）。また、すばやく建物を取り壊すことが火消の能力として求められていたために、町火消の多くは、普段

図2・3　定火消（出典：安藤広重「江戸の華」四ッ谷・消防博物館蔵）

は鳶職のような建設業に従事していたようです。

このように、命を賭して町を守る火消は住民たちのヒーローであったわけですが、同時に強大な権力を持つ圧力団体でもありました。なぜなら火事が起こると、彼らには延焼抑止という名目で自由に建物を破壊する権利が与えられたからです。このため火災でなくとも、普段から町火消のメンバーに睨まれるようなことがあると、火事の際にどさくさに紛れて意図的に家を壊されてしまうという恐れもあったのです。このような背景から、町によってはこの荒くれ者たちの扱いに手を焼いていたところもあったようです。

話を戻しますが、「火事、喧嘩、伊勢屋、稲荷に犬の糞」と、江戸の至るところで目にするこ

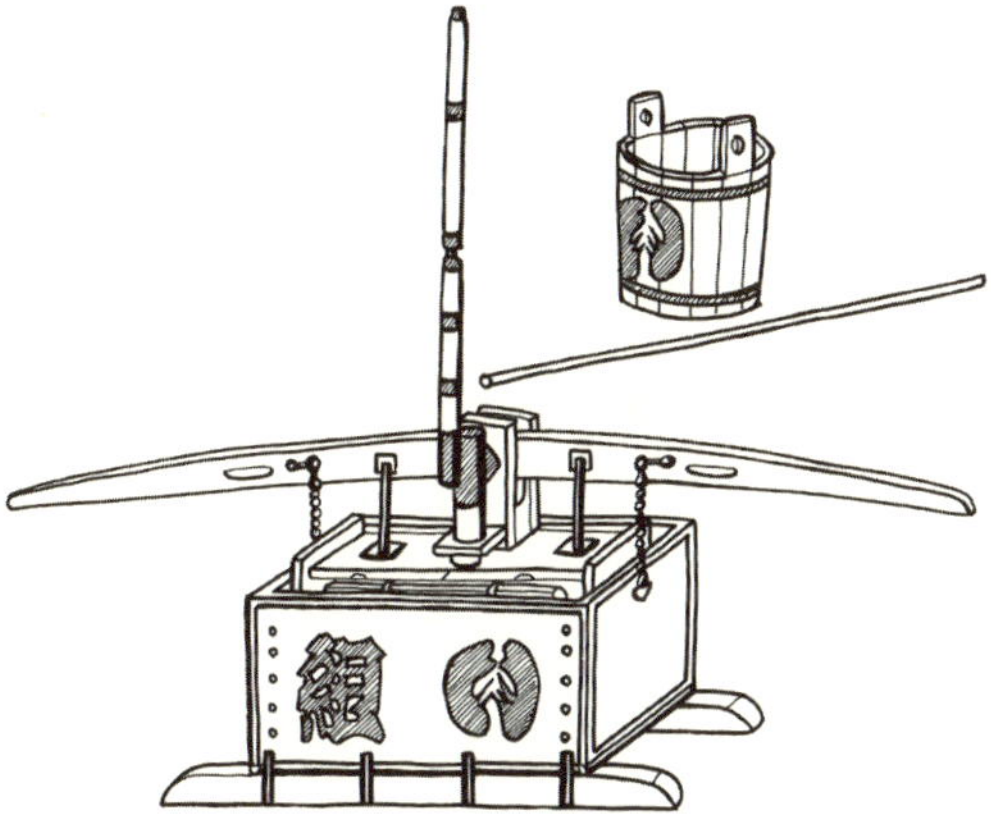

図 2･4　手押しポンプの竜吐水

とのできる名物を七五調に並べた言葉もあるように、火事も喧嘩も、それだけ日常的に頻発していたようです。

実際に、関ヶ原の戦いの翌年、徳川家康の覇権が始まった慶長6（1601）年から、15代将軍徳川慶喜が大政奉還を行った慶応3（1867）年までの267年間に、実に49回もの大火が発生しており（注8）、平均するとほぼ5～6年おきに大火に見舞われていたことになります。さらに大火以外の火事を含めると、記録があるものだけで1798回に及んでおり、人口増加による繁栄に応じて火災件数も増加しています。近世日本文化史学者である西山松之助氏をして、江戸を「火災都市」と呼ばせた（注9）のも、うなずけるところです。

図2・5　近代まで使われていた人力ポンプ（長野県・海野町）

1

燃えるものにはふたをする
――瓦と漆喰で被覆された伝統的耐火建築

◆屋根材の変遷

江戸っ子の気質として「宵越しの金は持たない」とよく言われますが、江戸では貯金を貯め込んだところでひとたび火災が起これば全てが灰になってしまうことから、このような気質が生まれたとされています。しかし、いかに火事が「江戸の華」と虚勢をはったところで、これだけ被害が多いと江戸っ子もたまりません。

江戸で記録された最初の大火と言われる慶長6（1601）年には全市が焼亡し、その前後に幕府から建物の屋根を草葺きから板葺きや瓦葺きにするべく命令が下ります。この際の「町中草葺き屋根故に火事絶えず、此序に皆板葺きになすべし」とのお触れは、少しでも飛び火の被害を押さえ込もうと「屋根を不燃化」するためのお触れだったのです。これにより大名屋敷を中心に板葺きより耐火性の高い立派な瓦葺きが広まり、町人の屋敷でも瓦葺きが普及し始めたのですが、「振袖火事」と呼ばれる明暦3(1657)年の大火以降、なぜか禁止されます。これは火事の時に瓦が落ちてきて大勢の怪我人が出たり、封建時代の厳しい身分制度から町家に瓦を葺くことは身分不相応であるとされたりしたためで、代わりに燃えやすい草葺きの屋根になんと土を塗り、延焼防止を図ることが義務づけられました。これはこれで、もしそのまま残っていれば、砂漠地帯の集落のようなさぞかし面白い町並みが形成されたものと思われます。しかし雨の多い日本の場合、土塗りの屋根ではあっというまに雨で流れてしまうのは自明であり、寛文元(16

図2･6　板葺きの町並み
(出典：「洛中洛外図屏風・上杉家本」(京町家作事組編『町家再生の技と知恵』(2002)より))

61）年にはほどなく草葺きの新築が禁止され、板葺きが使用されることになります（図2・6）。
その後幾度もの大火を経て、徳川吉宗の時代に武家屋敷に対して再び瓦葺きが推奨されるようになると、享保5（1720）年には町家に対しても瓦葺きの禁令を解く町触れが出されます。ただ、瓦葺きは町人にとって高価なためなかなか普及せず、その代替措置として、板葺き屋根の上に土を塗り、さらに安価な牡蠣の貝殻（とはいえ食用の殻そのままではなく、化石化したものが使用されたようです）を敷き詰めた「かきがら葺き」が推奨されました。考えてみると貝殻の成分には炭酸カルシウムを多く含みますから、今で言うところの「ケイカル板」に匹敵する天然の耐火素材であり、飛び火などに効果があったとされるのも大いにうなずけるところです。これまたもし残っていれば、かきがらの敷き詰められた屋並みが白く光る、独特の景観を誇っていたものと推察されますが、残念ながらその姿は謎に包まれています。

その後、延宝2（1674）年4月8日、近江大津の瓦工である西村五兵衛正輝（後の西村半兵衛）により、本葺瓦の平瓦と丸瓦を一体化させた軽く葺くことのできる桟瓦が開発されました（図2・7）。これによりそれまで推進された「かきがら葺き」は廃れ、お金のある家は瓦葺きに、お金のない家は板葺きへと戻ってしまうことになります。しかし、税金の免除や助成金の付与により幕府主導で町家の不燃化を進めてきた吉宗が死ぬと、幕府の経済事情も悪化したこともあり、江戸の町の不燃化は完成を見ることなく、その後もたびたび大火にさいなまれることになったのです。

◆塗屋造と土蔵造

火災から大切なものを守る最も確実な方法は火事場から持ち出してしまうことですが、避難の際に持ち出せないような大量の商品や家財、貴重品などを収納して守るために「土蔵」が造られるようになります。これは外壁を厚い土壁で覆い、漆喰などで表面を仕上げて外装全体を不燃化した建物です（図2・8）。

ただその名前のとおり大部分が土で塗り固められており、さらに火元となりやすい母屋

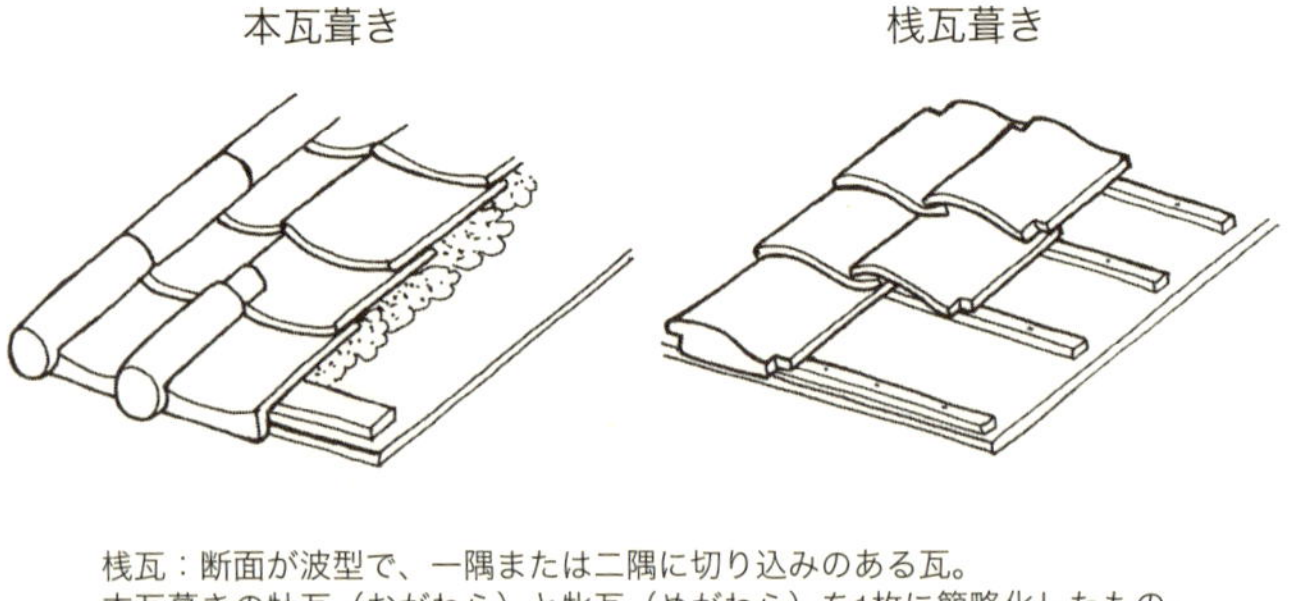

桟瓦：断面が波型で、一隅または二隅に切り込みのある瓦。
本瓦葺きの牡瓦（おがわら）と牝瓦（めがわら）を1枚に簡略化したもの。

図 2・7　本瓦葺きと桟瓦葺き

から離して建てられたため、火災に対しては めっぽう強いのですが風雨に対しては簡単に溶けて流れてしまうという弱点があります。これをカバーするために、まず上から降ってくる雨を除ける屋根が架けられます。瓦葺きにするお金がない場合には板葺きが載せられることになりますが、そのままだと屋根が燃えてしまい中の貴重品が危険にさらされることになります。それでは具合が悪いので、屋根は本体に乗っかっているだけの「置屋根」形式にしておき、大火が迫ると屋根を引き落として外せるよう、構造を分けて組み立てる工夫もなされていました（図2・9）。さらに屋根を伝って落ちる雨は、今度は地面で跳ね返って土壁を下の方から攻撃してきます。こ

図 2・8　土蔵の外観（京都市・東山区）

れを防ぐ目的で水跳ねしやすい壁面下部には木造の「腰壁」が巻かれるのですが、これも火事が迫ると燃える恐れがあるために、大火の時には人力で取り外して土塗りの外壁面を露出させてから、避難することもあったようです（図2・10）。屋根にせよ腰壁にせよ、いざという時のため簡単に取り外せるようにしておくことで、普段は風雨で傷んだ部材を取り替えやすくもなるという、日常的なメンテナンスの利便性も考えられていたわけです。

しかしいかに楽に取り替えがきくといっても非常に雨が多い地方の場合、特に台風に襲われやすい地域では、腰壁のない壁の上の方までたびたび風雨にさらされることとなります。壁全体を腰壁で覆ってしまえば良いかも

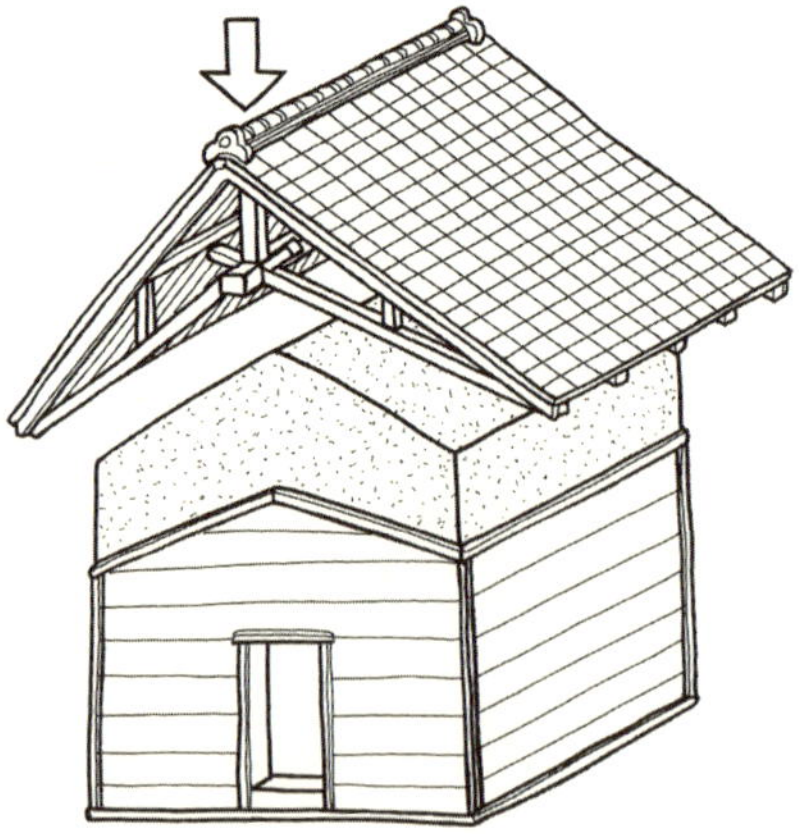

図 2・9　土蔵の置屋根

知れませんが、それだと腰壁のメンテナンスの度ごとに高価な足場を組まなければならなくなり、あまりに非効率となります。

台風銀座の一つに数えられる高知県室戸市の吉良川重伝建地区（正式には「重要伝統的建造物郡保存地区」と呼ばれる国指定の歴史町並み保存地区）などでは、日常的な横殴りの雨が土壁を削るため「土佐漆喰」という特別な漆喰が使われています。通常の漆喰は粘着力を増すために石灰石の粉末に糊や、最近ではガラス繊維などを混ぜているのですが、土佐漆喰は石灰粉に醗酵ワラを混ぜただけのもので、純度が高くなっています。水に溶けないワラの繊維だけで漆喰がつながっているため、漆喰自体の保水性が向上することとなります。そ

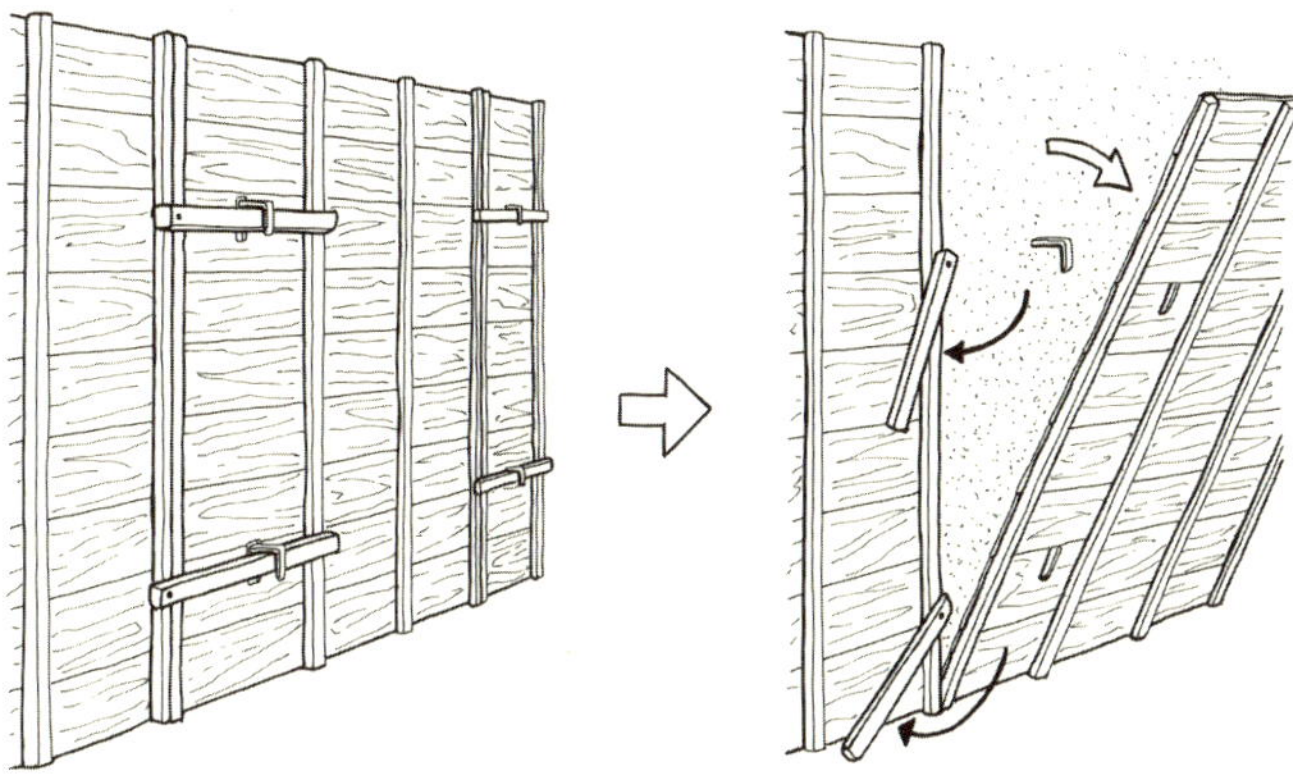

図2·10　木造外壁の取り外し機構

図 2･11　水切り瓦の連なる土蔵群（高知県・吉良川町）

図 2･12　なまこ壁の連なる土蔵群（長野県・木曽福島）

して、何よりも強度、耐水性が高いという特徴があります。さらに少しでも雨水が壁面を伝わないよう、壁面に幾層もの水平の水切り瓦を埋め込んでおり、これが独特の景観を形成しています（図2・11）。

あるいは、長野県・木曽福島などでは、木製の腰壁の代わりに、メンテナンスが少なくてすむように平瓦を壁面に埋め込み、これを固定するために目地に漆喰を盛りつける「なまこ壁」が主流となっています（図2・12）。この盛り上がった目地がナマコに似て見えるためこのような名前が付けられたようですが、これは瓦を貼り付けて土壁表面の耐水化を図ることにより、火事の際にも腰壁を剥がさなくて済むように改良された、いわば高級仕上げと言えるでしょう。

◈味噌で隙間を埋める

このようにして土蔵は、火災が迫った場合には、普段風雨から肌を守るために着飾っていた屋根や腰壁といった衣服を解いて、あるいは耐水性を獲得すべく肉体改造を経て、まさに身一つとなって大火をしのいできました（図2・13）。

しかし、それでも完璧ではなかったようです。というのも、機能上不可欠な出入り口や通気

図 2･13　大火の中の土蔵
（出典：前田氏実・永井幾麻『春日権現霊験記』（平尾和洋・末包伸吾編著『テキスト建築意匠』（2006）より））

図 2･14　密閉性を考慮した土蔵の開口部（岐阜県・高山市）

窓がある以上、どうしても扉と枠との間に隙間が残り、そこから内部に火が入ってしまう可能性が否定できないからです。このため、板戸の表裏に厚く土を塗り込めて扉そのものの耐火性能を高めるとともに、扉まわりの隙間を少しでも小さくして密閉性を高める目的で、扉の召し合わせ部分を階段状にするなど、火災のときにも火が内部に入らないような工夫がされてきました（図2・14）。

しかしながら扉の隙間は使っている間にどうしても広がってくるため、これを対策するためにはもはや建築そのものでは如何ともしがたく、最終手段に訴えることになります。つまり、火に飲み込まれる前に家人や職人の手により、これらの隙間を漆喰や、それが手元にない場合にはなんと、どこの家庭にもあった「味噌」を使って隙間を埋めるという「目塗り」が行われたのです。大火の際には、さぞかし町中に味噌焼きの香ばしい香りが漂ったものと想像されるのですが「火事が迫っている時にそんな悠長なことができるはずがない！　そんなアホな！」と突っ込まれそうです。ところが実は、大火とはいえ、風による飛び火を除けばその移動速度は知れており、実績値としては、阪神・淡路大震災による延焼火災で毎時20～40メートル、それ以前の標準的な都市火災でも概ね毎時１００メートル以上程度と言われています。これは人の歩く速度（成人平均で毎「分」80メートル（毎時４８００メートル）～90メートル（毎時５４００メートル）程）と比べてもそれより50倍ほども遅く（よちよち歩き程度と同等）、家人や左官職人たちはこの時間差を縫って、火災が到達する前に人手により耐火性能の最後の性能補完をしていたことになります。当時お金持ちの商家などでは、大火の際には土蔵を目塗りしに来てもらうために出入りの左官職人を抱えておくだけでなく、有事の作業に必要な壁土や漆喰をあらかじめ現場に「用心土」として確保しておいたと言われています。さらには、いわゆるバックドラフト現象（酸欠の高温環境下に急に酸素が供給されることで爆発的燃焼が起こること）が起こらないように、火が消えてからも内部が冷えるまでは決して扉を開けさせないルールを決めていた地域もあったようです。

土蔵がより完全な耐火建築となるために、最後の仕上げと危機管理を人の手によって初めて完了させるこのシステムは、逆に言えば人の手で補完する余地を残しているからこそ、火災状況に応じた柔軟な処理が可能なフェイルセーフ・システムになっていた、とも考えることもできます。

一方で、防火仕様でない土蔵造のような伝統的な木造建築の場合は、なおさら工夫が必要となります。代表的な都市住居であった町家の文化は、長い歴史を経て木造2階建ての都市住居を形成してきましたが、市街地に高密に居住するための装置として様式化されてゆく中で、度重なる火災による被害を受けてきました(図2・15)。歴史都市・京都の場合、江戸の末期には、やはり火災が多発して再建してはまた焼かれる状況であったために、最後は「仮屋造り」とまで呼ばれる、今で言う簡易プレハブ住宅形式の量産型町家が一般化しました。

特に京都のような土地では、町人地の大部分が社寺や大名のような権力者に買収されていたため、一般住民のかなりの割合が賃貸長屋で暮らしていました。彼らにとって我が家はあくまでも借り物でしかなかったため、消火を早々にあきらめると雨戸や障子や襖などの建具をすべて外して、これに家財道具を載せたりして避難したようです。というのも、借家住まいであっても建具だけは大家の所有物ではなく、店子が入居する際に自分で調

図2・15　大火の中を避難する町衆(出典:『天明火災絵巻』京都国立博物館所蔵)

達しなければならなかった備品だったからです。このため賃貸長屋では建具が規格化されており、このことも建築が統一的に規格化された一因にもなっていたのです。

地震が起きた場合も大規模な火災が発生するなどして、町はさらに壊滅的な被害を受けることになるのですが、唯一そのような大災害を心待ちにしていた業種の人々もいたようです。そう、復興のために大量の臨時受注を期待することができた建設業の面々です。おもしろいことに当時の風刺画の中には、地震を引き起こすと信じられていた巨大ナマズを、料亭で接待する建設業者の姿を描いたものまでありました（図2・16）。

このように、大火が起こるといっぺんに町

図2・16　鯰供応の図
（出典：宮田登・高田衛：『鯰絵 震災と日本文化』里文出版、1995年）

全体が灰になり、その後ほぼ同時に「量産型町家」が短期間で再建されるため、それが故に、現在にも引き継がれる統一的な景観の基盤が形成されてきたとも言えます。このように災害と整った景観は、ある意味皮肉な関係にもあったようです。

このように隣同士が密着して連担する都市域の木造の町家群は、その特性から、ひとたび出火をすると高い確率で大規模な延焼火災へと発展しました。このため、少しでも街区をまたいで火が燃え広がらないようにする工夫も、長い経験の中で蓄積されてきました。

実は平入りの軒が向き合う特徴的で美しい町並みそのものも、防火上の工夫であると考えられています。狭い道を挟んで向かい合う

図 2・17　平入の軒の向き合う町家群（京都市・祇園新橋）

町家群は、お互いの屋根が道路に向かって低くなっています(図2・17)。これは万一対面が火災になった場合でも、相手に対して軒先を低く保つような姿勢をとっておくことによって、対面から上方へ吹き上がってくる火炎の影響を少しでも回避しようとした結果であると考えられています。さらに、お互いの屋根勾配は、道路上空の延焼危険ゾーンを避けるように決められていたとする説もあります。

また、多くの町家の外装仕上げにおいて、道路に面する2階部分が土塗り仕上げとなっているのも、1階よりも背の高い2階部分の方が、対岸からの火災の影響を受けやすいためであると考えられます。実際に現在の建築基準法でも、同様の考えから上階ほど広がる

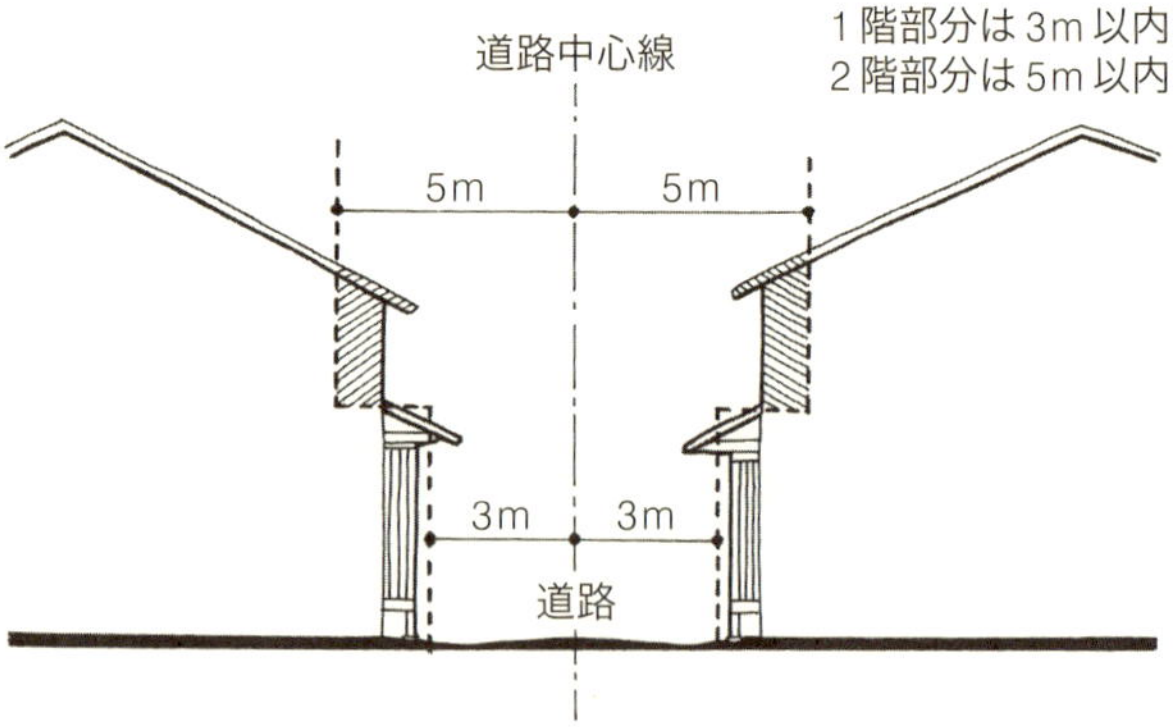

図2・18　建築基準法における延焼の恐れのある部分

形で延焼線（防火性能を満たした外装材による仕上げ等が義務づけられる外壁範囲を示すライン）が設定されています（図2・18）。こうして見ると、確かに伝統的な町家と同様に2階の外壁耐火規制が厳しいことにも、合理性があることがわかります。一方、2階部分が裸木造の場合でも、正面の屋外側にスダレを吊っておいて、道路対岸で火災が発生した際にはそこに水をかけることによって、迫る火災から建築内部への熱の影響を減らす努力もなされていたとする説もあります（図2・19）。言うなれば、水により湿らせた防炎スクリーンを即時的に展開する効果が期待されたわけですが、防炎スクリーンを展開しなければならないほど延焼火災が迫った場合には、逆に人間がそ

図2・19　2階にスダレがかけられた町並み（京都市・上七軒）

れだけの熱環境下に滞在して水をかけ続ける活動自体が不可能となりますので、実際にはその効果はあまり期待できなかったのかもしれません。

このように町家は、火災に対する弱点を少しでも減らすべく進化を続け、様式としてその形態を洗練させてきたとも言えるわけですが、それでも現在の防火規定を満たすことは難しい状況にあります。実際に、それ故に多くの昔ながらの町家が「建築基準法違反」となって失われてきました。様々な理由によりますが、京都の都心部では2000年から2010年までの10年間で15％もの町家が失われたと報告されています(注10)。もちろん法律違反だからすべて建て替えなければいけないわけではなく、実際には建築基準法が制定・改定される以前から建っている伝統的な町家のような建物は、現在の基準を満たしていなくても、「既存不適格」という形で存続することができます。ところが古くなって「大規模な改修」が必要になると、改修した時点で最新の基準を満たすことが義務づけられるため、それ以降は「違反建築」になってしまうのです。この「大規模な改修」には構造の改変が含まれているのですが、なぜか急な階段を安全な緩いものに取り替えるだけでも「構造の改変＝大規模な改修」と見なされてしまい、高齢化の進む現代社会においてはことさらに、町家に住み、守り続けるのが難しくなっています。

そんな中、そもそも伝統構法による町家は、きちんとつくられてさえいればそれ自体で一定の耐火性能を持っていることが最近の研究で明らかになってきました。火の入り込みやすい軒下の収まりや、塗壁の縁まわりを確実に塞ぐなど、丁寧な仕事で建てられた町家は、十分に現在の安全基準をクリアできることがわかってきたのです（注11）。これらの研究成果が制度化されることになれば、防火面に関しては、近い将来に伝統的で安全な町家をそのまま「新築」することが可能になると期待されます。

2

「うだつ」を上げろ
――町並みに挿入された防火壁

日本語には「ウダツが上がらない」という慣用句があります。筆者も家内によく言われるので、あらためて辞書で引いてみると、悲しいかな「出世ができない、身分がぱっとしない、金銭に恵まれない」という意味で、「裕福の家でなければ「うだち」を上げられなかったことから転じたといわれる」と記されています。悔しいのでさらに調べてみると、実はこの「うだち（梲）」は、室町時代以降に「うだつ（卯建・宇立）」と訛ったものとされ、本来は建築用語で梁の上に立てる小柱のことを指していましたが、後に隣家との間に設けられる「防火壁」で、1階屋根と2階屋根の間に張り出すように設けられている壁も「うだつ」と呼ぶようになったのだそうです。長野県東御市海野宿（図2・20）や、徳島県美馬市の脇町南町、岐阜県の美濃市などの、住民に愛され守られ続けるうだつの立ち並ぶ美しい町並みは、そもそも隣り合いつつ連続して建てられた家同士で、隣家からの火事の延焼を防ぐための防火壁という切実な問題が生み出した知恵であり、それが独特の町並み景観へと昇華したものと言われています。

このように本来、うだつは防火壁としてつくられ始めたわけですが、江戸時代中期ごろになると装飾的な意味合いが強くなっていきます。もともとの「お金持ちが家に財産を貯め込む」→「家が燃えないように隣家との間に立派なうだつを設ける」という図式は、いつしか「多くの財産を持っているということを誇示しようとする」→「必要以上に大きく立派なうだつを設けて周囲にアピール」→「うだつが上がってますなぁ」という構図に転じて、逆説的に「お金がなくて立派なうだつを上げることができない人」＝「うだつの上がらない人」という慣用句になったと考えられます。

図2･20　海野宿のうだつのある町並み（長野県・東御市）

3

シッポを切って生き延びる
──防火帯のある建築と町並み

◆連なって建つ蔵

ここまでは、主に個々の建築単位での防火の工夫とデザインについて見てきましたが、建物群というエリアにおける火災対策という思想もまた、町並みの特徴的な景観形成に大きな影響をもたらしてきました。

先に紹介した土蔵については、単体での耐火建築であるというだけでなく、これが連担することにより、町全体の延焼抑止にも役立っていたと考えられています。岐阜県の飛騨高山は、戦国時代に商業を重視する金森長近により城下町として形成され、山城を囲んで高台の方に武家屋敷を、一段低いところの武家地より1・2倍ほども広いエリアを、特徴的な町人町として整備されました。その町人町だった場所の一部に、現在も伝統的な町並みの残る三町《さんまち》重伝建地区があります（図2・21）。商業経済の町らしく、敷地割りがしっかり規定されており、前面道路側から敷地奥に向かって母屋、中庭、土蔵の配置が整っていることも特徴の一つとなっています。

一般に新しく町がつくられる場合、いつの時代でも町を治める側にとってきちんと税金を取り立てることは至上命題になります。このため、今で言う固定資産税（土地や建物にかける税金）を算定するためのわかりやすい仕組みとして、敷地の形態を基準化することが多かったようです。基準化を考えた場合に最もシンプルな方法がグリッド割りによる区画です。これにより敷地面積が画一化できる上に縦横の座標だけで住所が特定できるため、国

図2・21　高山三町の町並み（長野県）

内では開拓吏によって開かれた札幌市、海外ではゴールドラッシュにより大勢の移民が集住し、一気に拓かれたサンフランシスコ市など、新規の開拓地で広く使われてきました。京都でも平安京のグリッド割り区画がベースとなっていますが、秀吉の治世に税制が敷かれた際には、道路に面した間口の幅に応じて土地の税金が課せられました。このために町人たちは少しでも間口を狭くして税金を安くしようとし、その代わりに奥行きを長く使うようになり、現在のような「ウナギの寝床」と呼ばれるような独特の敷地割りが定着したのです(図2・22)。道路からの見た目の外観はごく質素に努め、祇園祭の「屏風祭」に見られるように家の内部は豪華に、という京都の

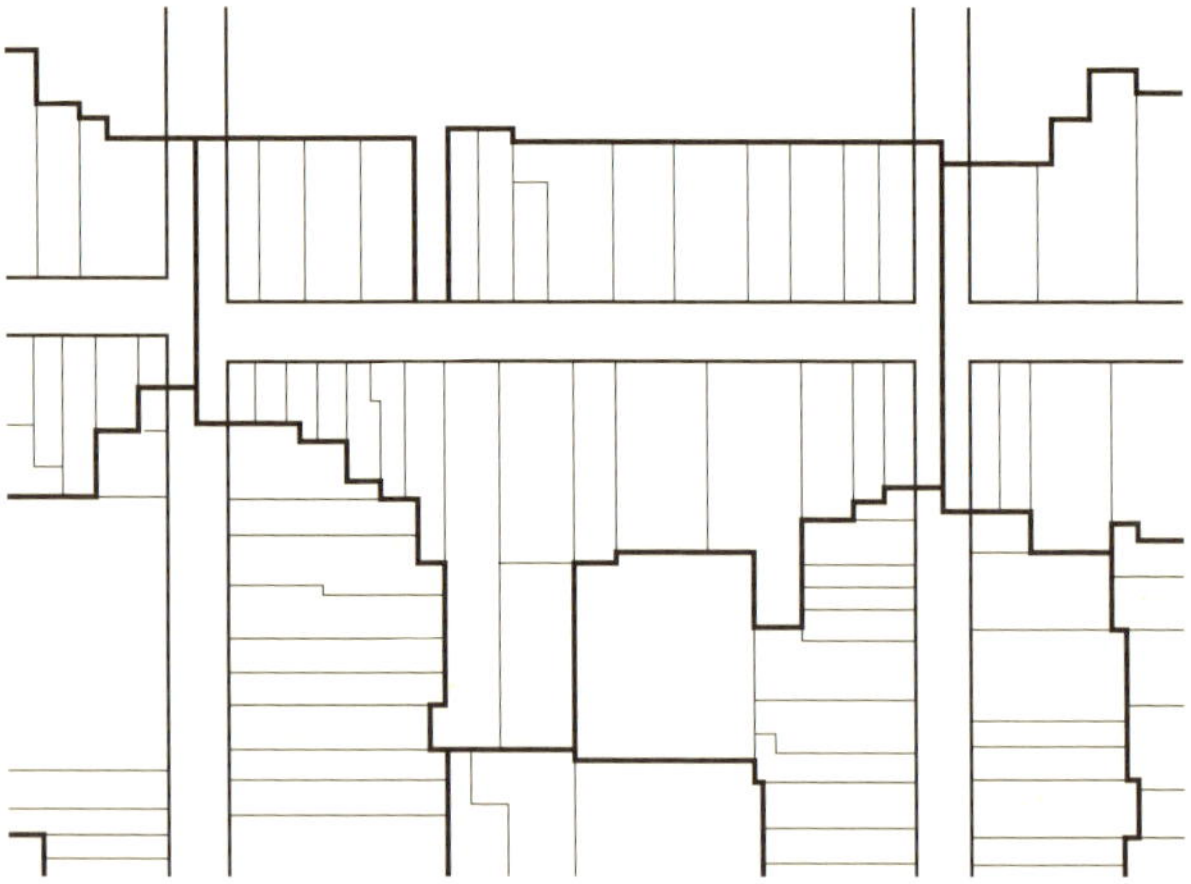

図 2・22　秀吉による京都の町割り

住文化にはこの税金の取り方にも大きく影響を受けてきたと考えられます。

高山でも京都とよく似た形式の定型的な町割りとなっていましたが、身分制度が厳しかった時代背景から、町人は豪華な町家をつくることができず、表側には高さの低い質素な住宅を兼ねた店舗群をつくっています。このため道路側に木造家屋が、その奥に中庭を経て、土蔵が建てられていました。これだけで見ると特に何の変哲もない町並みに見えますが、実は街区単位でこの配置を統一すると、結果として街区の奥側に土蔵が一列に横に並ぶことになり、それが街区全体にとっての防火壁の役割を担ったと言われています（図2・23）。実際に、1979年に重伝建地区に指

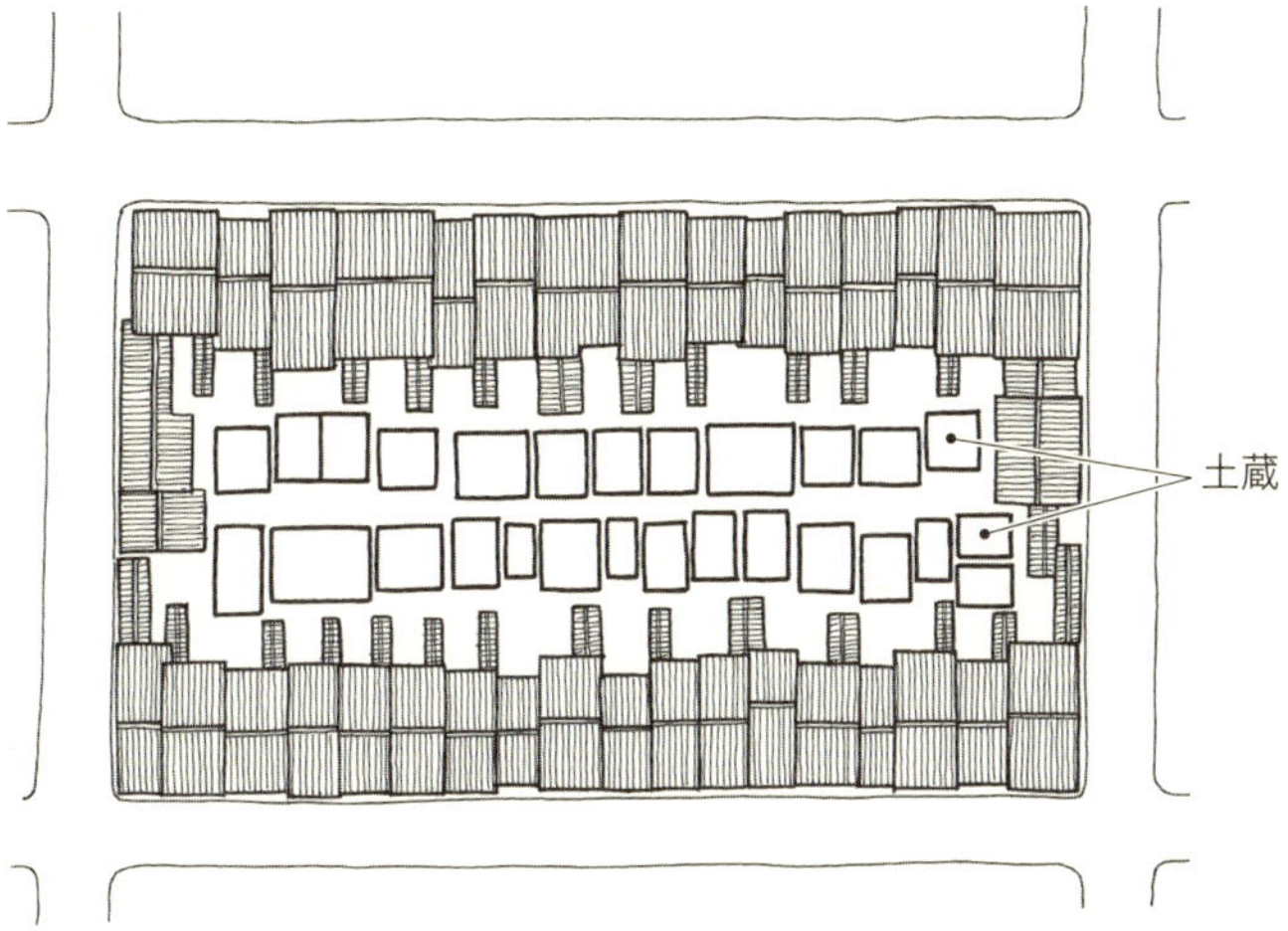

図2・23　土蔵が連なる町並み

定された以降にも地区内で大規模な火災が発生し、延焼によって数棟が被害に遭いましたが、それでも土蔵がまわりにあったため、土蔵の壁で焼け止まっています。これを受けて現在は、町の防火と景観保全の両面の目的で、２００年以上経過した土蔵20数棟の修理もなされています。これらの地域では、かつてより質素な母屋については最悪の場合焼けてしまうことをも覚悟しつつ、財産を保管する場所だけは土蔵造りとして耐火性を担保し、さらに互いの土蔵を並べることによって、延焼が発生した場合でも地域全体の被害を最小限とするための「土蔵群による街区単位の共同防火壁」を構成していたものと考えられます。

◆池をはさむ

一方で、もっと原始的な方法による火災対策も、景観に大きな影響を及ぼしてきました。前述の火消に見る破壊消防のように、近代的な注水消防の以前には「燃えるものを取り除く」ことのみが、まず目指すべき唯一の防火へのアプローチだったのです。

誰もが知る、京都を代表する文化遺産である清水寺においても、江戸時代に施された防火への対策の跡を見ることができます。清水寺は延暦17（７９８）年、坂上田村麻呂が東山の音羽山に仏殿を建立したことから歴史が始まったとされ、それ以来たびたび火災に遭い、現在の伽藍は寛永の火災以降に再建されたものと言われています(注12)。どれくらい火災で焼けてきたかというと、創始以来、昭和50(1975)年に放火で焼けるまで、記録に残るだけでも9回も焼失しています。その原因は地震、落雷、放火、戦災を含み様々ですが、寛永6(1629)年の江戸期の火災では、境内北側の成就院という住居兼用であった建物から出火・延焼し、瞬く間に全山を焼いてしまったと記録にあります。もともと住居というところは炊事などの火気を伴う生活が営まれる場所であるために、どの寺院でも火元になることが多いのですが、清水寺ではこれ以降、再建の際に建物そのものを寺院の境内地から30m以上離して建てなおさせています。この移設の理由については明記した文書などが残っていないようですが、火災後の移動であったことを考えると、やはり「燃えるものを遠ざける(隔離する)」という最もシンプルな防火対策であったと考えることが妥当でしょう。さらに、移設跡地となる成就院の南側、寺院境内との間の土地には、新たに大きな池を設けるという念の入れようです。この池は現在も残っており、今も水源として清水寺全山の消防システムの一部を担っています(図2・24)。同様に、清水寺で物理的な火災対策が施された例としては、六坊と呼ばれた僧房の中で延命院のみ明治に再建されているのですが、僧房=住居という火気のある施設の用心のためか、明治の初期に延命

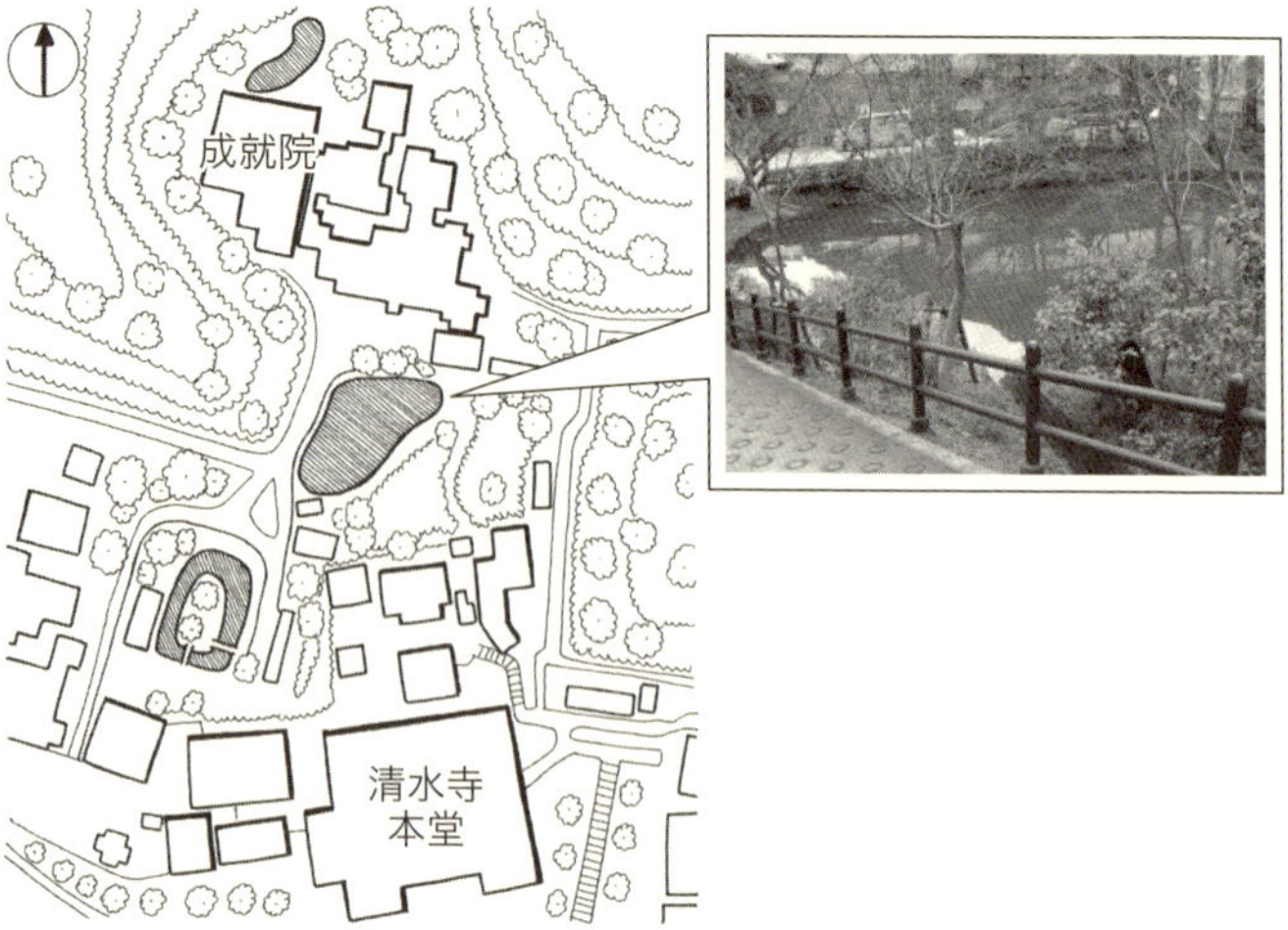

図 2・24　成就院と境内の間に設けられた池

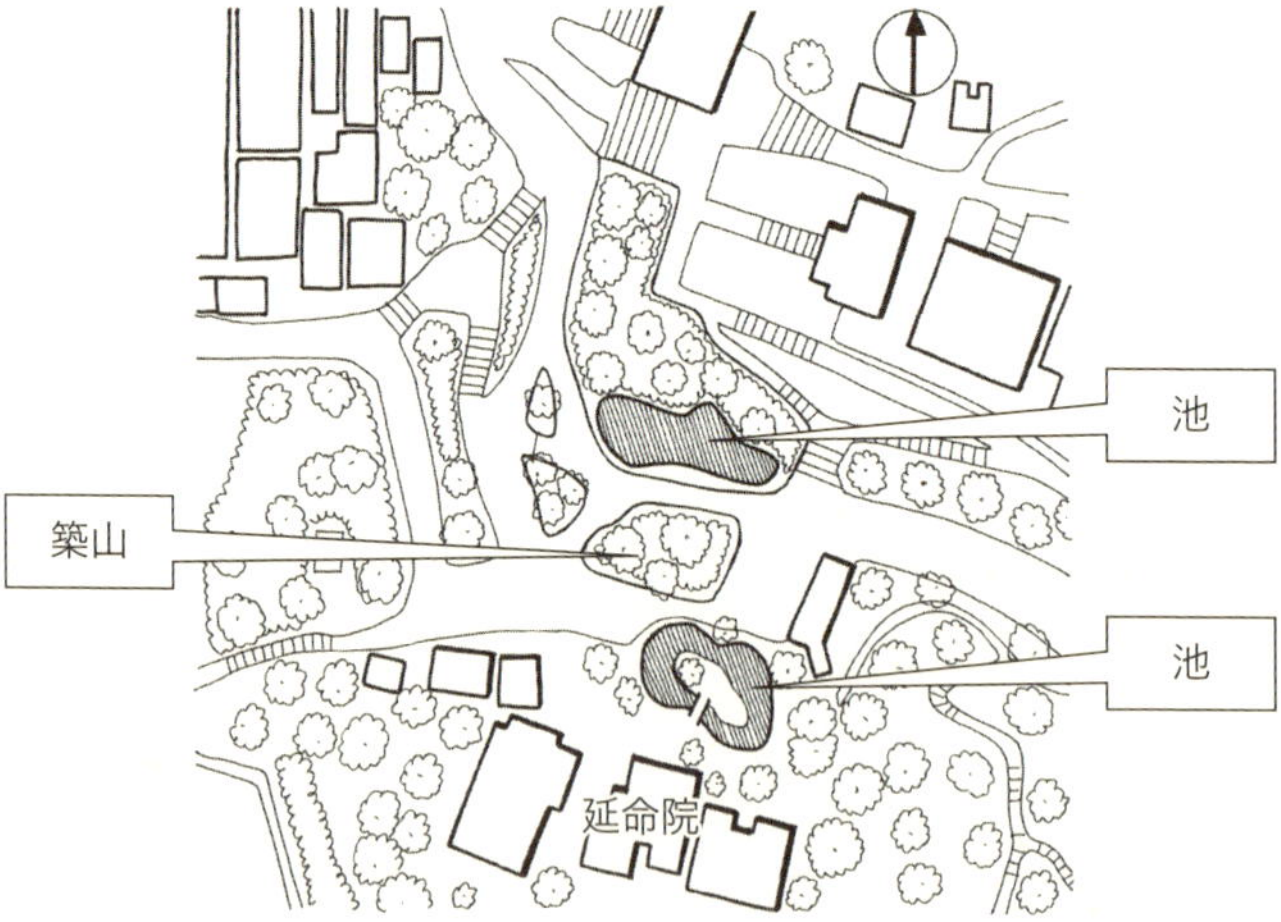

図 2・25　延命院と境内の間に設けられた池と築山

院前の境内地との間に池がつくられています。こちらの場合は、池を掘削した残土でさらに築山を設け、そこに植樹を施すなど、やはり火災対策と考えられる境内の改修が実施されています（図2・25）。

◆火除け地をつくる

同じく京都市内の西本願寺では、かつてさらに大がかりな防火対策がなされていました。天正19（1591）年に大坂天満より現在の位置に移って以来、西本願寺は、文禄5（1596）年7月の大地震による被害、元和3（1617）年には浴室より出火して両堂をはじめ対面所など主要な建物を焼失、天明8（1788）年の大火による阿弥陀堂門、接待所、蔵板所、学林の焼失と、3回もの災害により直接的な被害を受けています。

それ以前の越前吉崎に坊舎があったころにも、文明6（1474）年に火災が起きていますが、この際には本尊の一つである「御本書」を守るために、僧侶が火中に飛び込んで還らぬ人となってしまいました。しかし鎮火した後に発見された焼死体には腹を切った跡が見つかり、そこから焼けずに残った御本書が出てきたと言います。記録にも確かに、自らの腹を割いて書物を抱きかかえたまま絶命し、文字通り命を懸けて焼失から守ったという、いわゆる「腹籠りの書」に関する記述があります（真宗懐古鈔）。また蛤御門の変（1864年）の際には、北之総門（現在は吉崎別院に移築）での門徒や末寺の「抛《なげうつ》身命《しんみょう》消防」と記される懸命の防火活動により、本願寺門前まで迫った延焼火災から境内地の焼失を防いだことから、後にこの門は「火消門」と呼ばれるようになったという経緯があるなど、火災に対して懸命な対応がなされてきました。

　このような歴史を背景に、近代に入ると明治以降の門前地の改変による大規模な防火対策が実施されます。明治4（1871）年に、政府の命により境内地を除いた門前町等の寺

図 2･26　明治期に設けられた防火帯「風致園」
（出典：本派本願寺執行所編『同心帖』明治 42 年 11 月）

地が上地されましたが、その後明治31（1898）年の蓮如上人400回忌に向けて門前の編入を許可されると、これを機に西本願寺は、火災対策を主目的として門前の寺院や門徒の住居を移転させ、さらに跡地には樹木を植え、噴水池を備えた「風致園」（図2・26）を整備しています（注13）。これにより巨大な火除地が、密集する門前町と境内との間に設けられたのです。写真を見る限りかなりの大公園だったはずですが、明治44（1911）年の親鸞聖人の650回大遠忌の参拝者に配慮するために埋め立てられ、さらに戦後京都市の都市計画によって門前地が再び本願寺の手を離れると、昭和26（1951）年には現在の幹線通りとしての堀川通へとその姿を変えています。

◆導火線を断つ知恵

このような大規模なかつ永続的な防火帯の形成が行われた一方で、「臨時的」な防火帯の形成という工夫もなされていました。京都市東山区の浄土宗総本山・知恩院では、寛永の大火（1633年）の折りに、集会堂《しゅうえどう》から渡り廊下でつながれている御影堂まで導火線を伝うように火の手がまわり、伽藍の大半を焼失する被害を受けています。この後に全山が再建されるわけですが、その後の調査によって、渡り廊下には一部高さが低い範囲があり、そこでは廊下の床を支える柱と屋根を支える柱とが分離できる構造になっていて、柱を引き倒すだけで屋根を簡単に引き壊すことができる工夫がなされていることが明らかになりました(図2・27)。寛永の大火を記録した古文書に、当時渡り廊下を壊して延焼を防ごうとしたが、なかなか壊すことができないまま延焼が拡大したとの記録があることから、再建の際に二度と同じような被害に遭わないようにするため、あえて壊しやすい構造にしたものと考えられています。この工夫は、いわば「トカゲがシッポを切る」という戦術によく似た、捨て身のサバイバル技術と言えるでしょう。

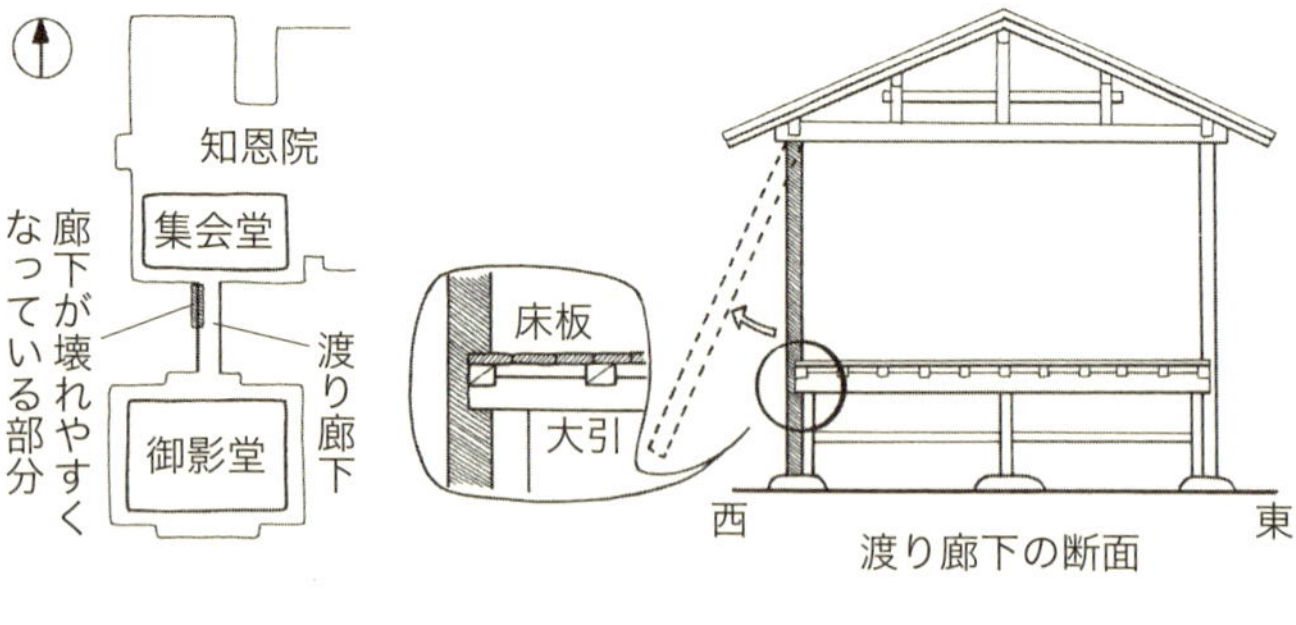

図2・27　火災時には引き倒せる知恩院の渡り廊下
(出典：読売新聞2006年9月19日をもとに作図)

◆燃えても折れない巨大柱

同様に、あえて「肉を切らせる」タイプの防火対策もありました。いわゆる「燃えしろ設計」と呼ばれる戦術です。

燃えて炭化していく部分を「燃えしろ」と呼ぶことに習い、火災に備えて構造材に十分な太さを与える設計のしかたを「燃えしろ設計」と言います。もし規定の時間を火に耐え得る木造建築を建てようとする場合には（火に耐えるべき時間は、避難に必要な時間として現在では法令で用途や規模別に定められています）、構造的に必要な強度の太さに、規定される時間で炭化する燃えしろをプラスした太さの梁や柱を用いるという考え方です。つまり燃えしろ部分が、構造として必要な断面積を「防火被覆」していると考えるわけです。具体的には15センチメートル角の柱が四方から火に包まれて燃え続けた場合、その柱が20分間にわたり標準的な炭化深度である毎分0・64ミリメートルのペースで焼けたとしても、残る12・6センチメートル角の柱と同じだけの強度は保てるので、燃えてもなお木材の設計強度に余力があれば、この20分間で建物が崩れ落ちる危険はないという思想です。

特に寺社建築などでは、地震対策における「転倒復元力」のところでも触れましたが、「柱を出来るだけ少なく太くすることで、燃えにくくする工夫」(注14)がなされたと言われており、弥生時代の巨大建築にも同様の対策がなされていた(注15)と考えられています。

前章で前掲した出雲大社本殿や法隆寺などでは、素人目に見ても明らかに必要以上に太い構造部材が使用されていますが、これには構造的な耐震性能と、建築としての壮大さや宗教的・政治的な威厳を演出すると同時に、耐火性能を持たせる上でも、不可欠な理由があったと考えることができるのです(図2・28)。

図 2・28　法隆寺回廊の巨大柱群（奈良県・斑鳩町）

4

燃えても消せるまちづくり
――自然水利を活かした伝統的防災都市

◈防火のための水路

ここまで「燃やさない」ための様々な工夫について見てきましたが、それでも燃えるのが木造文化の宿命です。本章の最後に、ある意味究極の防火対策とも言える「燃えても素早く消せる豊かで身近な水のあるまちづくり」という、伝統的な減災の考え方についても触れておきたいと思います。

山陰の小京都として知られる島根県・津和野町は、東に白山火山系の青野山、西に城山といった山々に囲まれた南北に細長い盆地の町です。700年もの歴史を持つ津和野城下にあるこの町は、面積の8割程度を山地が占め、中心には高津川水系の津和野川（錦川）が流れています。町中には、この津和野川から取水される豊かな水で水路網が形成されているのですが、これらの水路はその昔、防火用水として開削された歴史を持っているのです。

　もともと津和野城下は南北に細長い谷間の町であるため、強い南風が発生し、南部の火災が風にあおられて延焼しては、町を焼き尽くしてしまうことが度々あったようです。主な大火は江戸時代のおよそ四半世紀だけで23回を数え（注16）、その頻度たるやおよそ10年に一度に迫る勢いであり、ひどいときには記録にあるだけで１５００軒から１８００軒もの家屋が全焼する事態となるなど、昔から火事が多いことで有名だったのです。

　頻発する火災に備えるため、宝永３（１７０６）年には津和野川に堰を設けて水を引き、全長約１８７メートルの幹線水路が完成を見

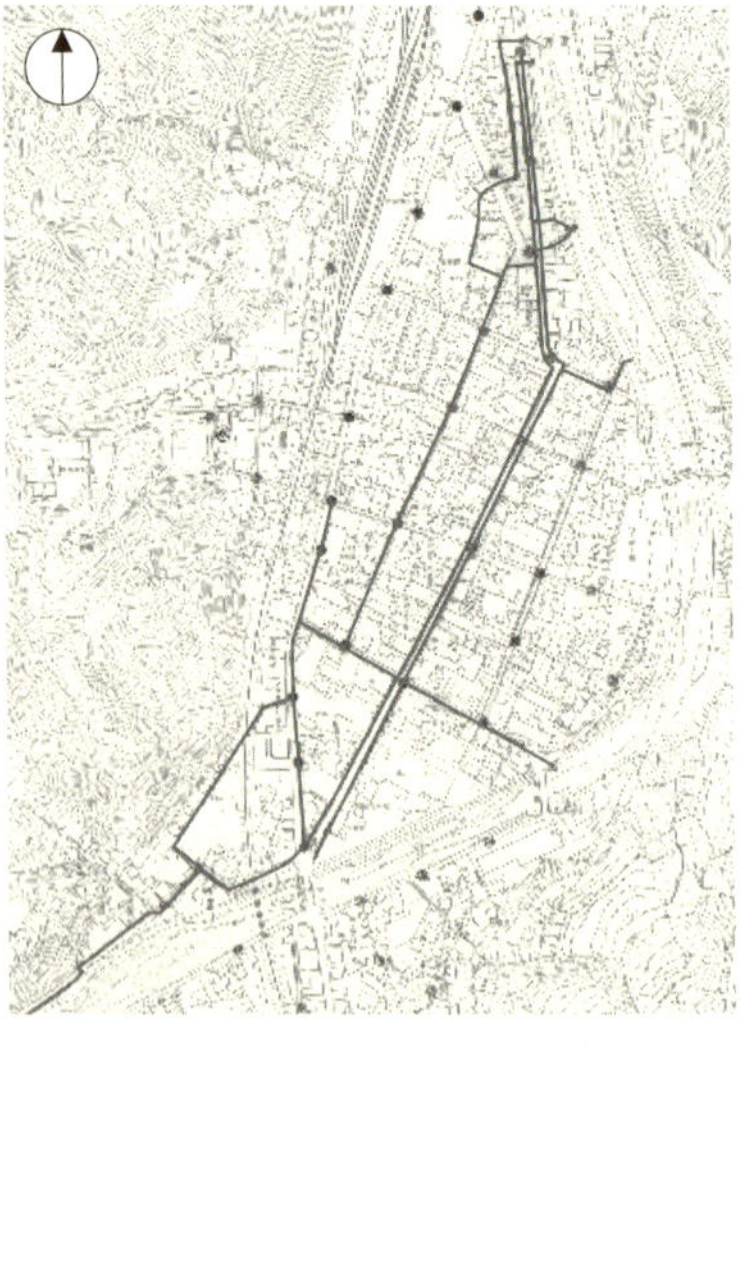

図2・29　津和野の町並みを流れる水路網

ます。この水をさらに網の目状に分岐し、町中に巡らせることで防火用水としたのです。現在では当時の堰より上流から取水し、3回もの水量調整を経て町中に導かれており（図2・29）、至るところで毎分1トン以上の水が穏やかに流れる景観が形成されています。なおこの水路網の各所では美しい鯉が大切に飼われており、現在は観光の一つの目玉になっていますが、このように水路で魚を飼うことは、蚊などの害虫が湧くことを防ぐ実利的な意味もあるのです（図2・30）。

現在ではこの津和野の町にも近代的な消火栓が整備されていますが、もともとある水路の水も十分に使えるため、今でもバックアップ用の消防水利として活用されています。今

図2・30　町中の水路を泳ぐ津和野の鯉
（提供：村上真美（京都工芸繊維大学日本建築史研究室））

では地震火災でもなければ江戸時代のように大火に至ることはありませんが、津和野町では平成元（1989）年から平成10（1999）年までの10年間に49件もの火災が発生しています。実際に平成9年に起きた火災の際には、消火栓2カ所からの取水に加え、付近の2カ所の水路からも取水がなされることで消火活動が行われ、結果として無事に鎮火に至っており、現在の消防ポンプ車による近代的な消防戦術にとっても、無くてはならない現役の防災水利として大切に守られ続けています。

◆バケツの下がる町並み

岐阜県の郡上八幡もまた山々に囲まれた盆地に発達した町で、この町の中央を流れる吉田川は犬啼川、乙姫川、小駄川を集め町の西端で長良川に合流しています。山頂にそびえる八幡城の城下町として栄えたこの町（図2・31）は、300年以上にわたり守り続けられてきた木造の町家が建ち並ぶ伝統的な町並みを、今に伝えています。環境省によって「名水の町」として指定されているとおり、川からの清流だけでなく、周囲の山々からの豊かな湧水にも恵まれた環境にあるため、昔からこの水は水門や堰を経由した水路を通して市街地に導水され、住民によって生活用水をはじめとする様々な用途に活用されてきました。現在でも水路沿いや川沿いに「カワド」と呼ばれる洗い場があり、屋根の架かる地域コミュニティの交流の場にもなっています（図2・32）。そこには、それぞれの洗い場を使用している住民全員の名前を列挙した掲示板が掲げられており、利用者としての責任の所在を示すことで、万一維持管理が行き届いていないカワドがあると、その利用者メンバー全員が、同じ流れを利用している他の地域のメンバーから「あそこは手入れを怠っている」とばかりに何となく冷たい目で見られるという、何気に厳しい伝統のルールも息づいています。

今も残る北町、柳町、島谷、殻見、小野と

図2・31　城から見下ろす郡上八幡の城下町

図 2·32　水路沿いのカワド

図 2·33　水路沿いのセギ板

いう5つの用水は「御用用水」と呼ばれており、城下の碁盤の目の町割りに沿って縦横に流れる水路群を形成することで、主幹水となって城下の下御殿や家老屋敷にも水を供給したことからこの名が付けられています。そもそも寛文年間に城下町の整備を進めた三代藩主の遠藤常友が、防火を一つの目的として寛文7（1667）年に4年の歳月をかけて築造したものですが、用水に常に一定の水量を流しつつ水害を引き起こさないように、堰や分流によって巧みに水量を調整する工夫がなされており、さらに末端の流れに面した家々の前の水路には、「セギ板」と呼ばれる木板を差し込むための溝が設けられています（図2・33）。これは場所や季節によって水深が浅くなっている場所でも、特に北町用水や柳町用水では浅い部分が多いのですが、住民が必要な時にこの溝にセギ板を差し込むことで、いつでも簡単に、子どもたちの手によってでも、板の高さまで水深をかさ上げできるという工夫なのです。家の前で野菜やビールを冷やしたり洗い物をしたりする等の日常利用だけでなく、火災時のバケツリレーや可般式ポンプでの消火活動に利用する際の水深確保のために、今でも現役として積極的に活用されています。

また、家屋が密集しており、江戸時代と大正時代にも2度の大火に見舞われてきた郡上八幡では、その後も火事に対して細心の注意が払われてきており、今でも家々の軒先には消火バケツが備えられています。これだけなら、日本各地の木造密集市街地で目にすることのできる玄関先の赤い防火バケツと何ら変わらないのですが、なんと家の前を流れる水路の「上空」に軒下からズラリと吊り下げられている通りまであるのです(図2・34)。当初は木製の手桶であったものと思われますが、今ではブリキ製のバケツに伝統の名残と考えられる通り名や町名が刷り込まれたスタイルになっています。そもそもなぜ軒下に「置く」のでなく軒先から「吊るしている」のかが非常に気になるところですが、おそらくその答えは実にシンプルです。というのも、家の玄関先には水路が流れているために人の出入りを考えるとバケツを置くための十分なスペースがなく、素早く水を汲まなければならない時のことを考えれば水路にふたをしてその上に置くわけ

図2・34　防火バケツが家々の軒に吊るされた通り（職人町）

にもいかないため、軒下に吊るす以外に方法がなかったという、ある意味消去法で場所が決まったものと考えられます。なお防火バケツのデザインは通りごと、町ごとに個性が表れているため、防火上の効果だけでなく街路景観の特徴の一つにもなっており、今も災害安全と町のアイデンティティーを示す、重要な景観構成要素として親しまれています。

◆現代に生きる知恵

このような「燃えても消せる」環境をつくるという伝統的な防火の知恵は、他にも全国各地で散見することができますが、現代の地震火災など、大規模な複合災害への対策として見た場合も、前述した河川や水路をはじめ、そのほか池や海、井戸水や雨水貯留など、災害時にも断水することのない地域に既存の自然水利を活用することは重要となります。

地震火災などの大規模災害時には、プロの消防士による消火活動にも限界が生じるため、現場に残された地域市民が自主的に行える初期消火を重視した環境や、万一、延焼火災に発展してしまった際にも、消防隊が活動できないような厳しい状況下でこれを抑制できるような環境を整備することが重要なテーマとなっています。このためにもまず地域特性を把握した上で、多様な消防活動を可能にし、かつ多様な水源を確保することを念頭に、環境の整備方針を導くことが必要となります。

例えば、京都市の清水《きよみず》周辺地域は、世界文化遺産に登録されている清水寺や、国選定の産寧坂重伝建地区など、多くの文化遺産を擁する世界的にも貴重な歴史的地域です。その一方で、東山に隣接した伝統的な木造密集地区により構成されているため、狭小な路地と裸木造の建築群が特徴となっています。このような地域では、地震災害時に街路がふさがり、その後の火災に対して消火活動が難しくなる上、大規模な延焼火災の際には特に対応が困難になります。これを受け平成18年度以降、京都市消防局により高台寺西側の高台寺公園地下に大規模な耐震性雨水貯留槽とこの水を圧送するポンプシステムが整備されましたが、これを活かしつつ不足水量を補完し、システムのバックアップを確保することが課題となっていました。

これを受け平成22年度には、ほぼ同じ容量を持つもう一つの耐震性雨水貯水槽が、自然の高低差を利用して加圧する伝統的なアイディアに基づき、必要な標高が得られる清水寺境内に設置されました。どこでも手に入る自然に由来する雨水を水源とした、動力を用いない重力による加圧システムは、人工エネルギーに頼る動力システムが障害を起こし得る地震災害時には特に有効となります。これにより万一どちらかの水源に被害が発生した場合でも、相互補完により最低限の送水能力を確保できる計画が実現されています（図2・35）。

これを水源とする市民消火栓の整備も進められていますが、これらの水利設備は、周囲の伝統的な景観に配慮するとともに（図2・36）、地域の伝統的慣習である打ち水や（図2・37）、緑への散水などの日常利用にも積極的に活かせるよう計画することで、平常時からのメンテナンスと、非常時に誰もが使える状況をつくり出すことを可能としています。非常時だけでなく、市民に

図2・35　雨水利用の防災水利整備事業（出典：京都市消防局）

図 2･36　焼き杉板仕上げの市民消火栓設備

図 2･37　市民による打ち水利用のイメージ

よる平常時の利水活動を促す環境整備を行うことは、水質の維持や設備の維持管理を、常に高いレベルで保つ意味で重要な要件となるのです。もし清水寺周辺を訪れることがあれば、ぜひこの市民消火栓をご自分の目で探してみてください。

◆茅葺きの防火システム

もう一つ近年の火災対策をご紹介しましょう。プロローグでもご紹介した白川郷(荻町集落)の茅葺き民家群のための防火システムです。

誰の目にも明らかですが、草葺きの町並みは火災に対して極めて弱いという特性を持っています。燃えやすいだけではなく、一度火がつくと大量の火の粉を周囲に撒き散らし、集落全体に火種をばら撒き始めるためです。さらに問題なのは、茅葺き屋根に火の粉が落ちると、表面で薄く燃え広がるだけでなく、内部に向かって細く深くじわじわと燃え進むため、屋根の外側から水をかけても消すことができなくなるのです。一度火を拾うと何時間にもわたって内部がくすぶり続け、一見鎮火したように見えた建物から再び火の手が上がる危険もあります。

実際にこれまでの歴史の中で、荻町周囲の集落にも数多くの茅葺き家屋があったにもかかわらず、次々と火災で集落ごと失われてきました。もはや完全に火を消すためには、屋根を形づくっている茅の束をすべて引き抜いては、川まで運んで投げ込むという、大変な労力を必要とする消火活動（というより解体活動）を長時間にわたり継続する持久戦に持ち込まなければならなくなります。

このため荻町集落では、1976年に国の重伝建地区指定を受けたことをきっかけに、文化庁からの補助金などを投入して大規模な放水システムを導入しています。「一斉放水」と呼ばれる防災訓練の風景は、いまや地域の観光イベントの一つとしても捉えられています（図2・38）。

村のどこかで火災が発生した場合に同時に

図2・38　放水銃の一斉放水訓練風景（岐阜県・白川郷）

起動する、50軒を越える合掌集落全体を覆う放水銃には、実はポンプのような動力は一切使われていません。集落にはもともと農業用水路の幹線が通る前山と呼ばれる丘が隣接しているのですが、この水路を水源とする大型貯水槽を高台に設けることにより、放水システムに給水する水圧は、その高低差を利用した重力のみで確保されています(図2・39)。これは近代に入ってから整備されたものではありますが、荻町集落では消防システムに至るまで、自然の力を最大限活用するという知恵の上に成り立っているのです。

以上に見てきたような伝統的な防火の知恵が文化として定着した背景は、これらが近代的な防火技術もない時代に成立してきたこと

図2·39　前山に設けられた防火用貯水槽

と無関係ではありません。消火栓も消防車も存在しない、限られた材料と技術しかない中では、火災を完全に防ぐことはまず無理であったはずです。このため、いかにして最小限の被害で乗り切るか、そこに長い時間をかけて渾身の知恵が絞られてきたものと考えられます。この結果、見捨てるものは思い切って割り切るなど、守るべきものの序列を明確化し、全体の焼失という最悪の事態を避けるための複数の対策が、建物単体はもとより、時には地域が一丸となって、「重ね合わせて」施されてきたのです。永く生き延びてきた歴史的建築や伝統的な町並みには、それら「生き延びるための工夫と知性」が重層的に織り込まれているからこそ、今見ても奥深く、凛々しく、美しい品格が感じられるのではないでしょうか。

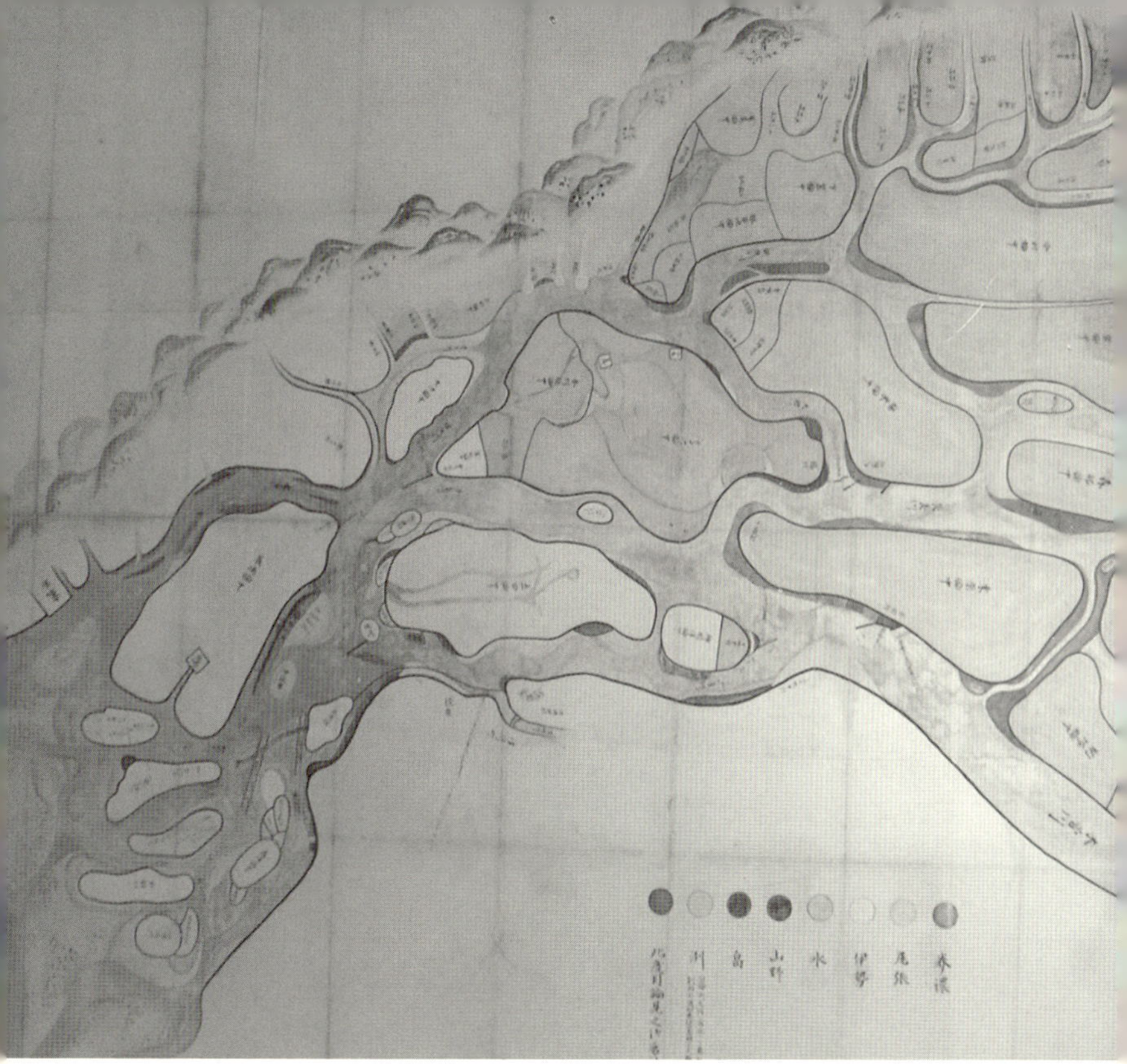

3

ぬれても流れぬ水害対策

1

弱さゆえに受け流す
――伝統的な洪水対策

◆人間の想定を超える可能性

国土のおよそ66%を山林に覆われる緑豊かな国日本は、それを育む豊かな水の恵みに支えられてきました。一方で、そもそもの成り立ちからして、プレート境界の地殻変動によって発生した島国であるために、ほぼ全域を急峻な山地がそのまま海に落ち込むような地形が占めています。このため、陸地に降った雨を海へと排水する河川についても、そのほとんどが急流となります。「いやいや、日本にもゆったりした流れの川もたくさんあるじゃないか」と言われるかもしれません。確かに日本国内だけで相対的に見れば穏やかな河川もあります。しかし国外の河川と比較をしてみれば、日本の河川はすべて圧倒的に急流に分類されてしまうのです（図3・1）。日本で最も長い信濃川ですら平均勾配はおおよそ400分の1で、例えば中部ヨーロッパの国際河川であるライン川のおよそ2倍もの急流になります。日本はこのような自然条件下で、さらに世界の年平均降雨量（約900ミリメートル）のおよそ2倍もの降雨量があります。その上さらに、人口のほとんどが山裾にわずかに広がる平野部に集中しているわけですから、大雨になると谷を駆け下りた水が平野部で暴れては、毎年のように洪水被害が発生するのも自然な成り行きといえます。数ある災害の中でも、人間社会に対する被害の範囲も大きく、その発生頻度も高い洪水は、特に対策が必要な重大な災害の一つと考えられます。

このように、「どうにも嬉しくない」宿命にある中で、日本人はこれまで膨大な時間と資金とエネルギーを投入して洪水対策を進めてきました。現在では「スーパー堤防」と呼ばれる、河川に対して人間

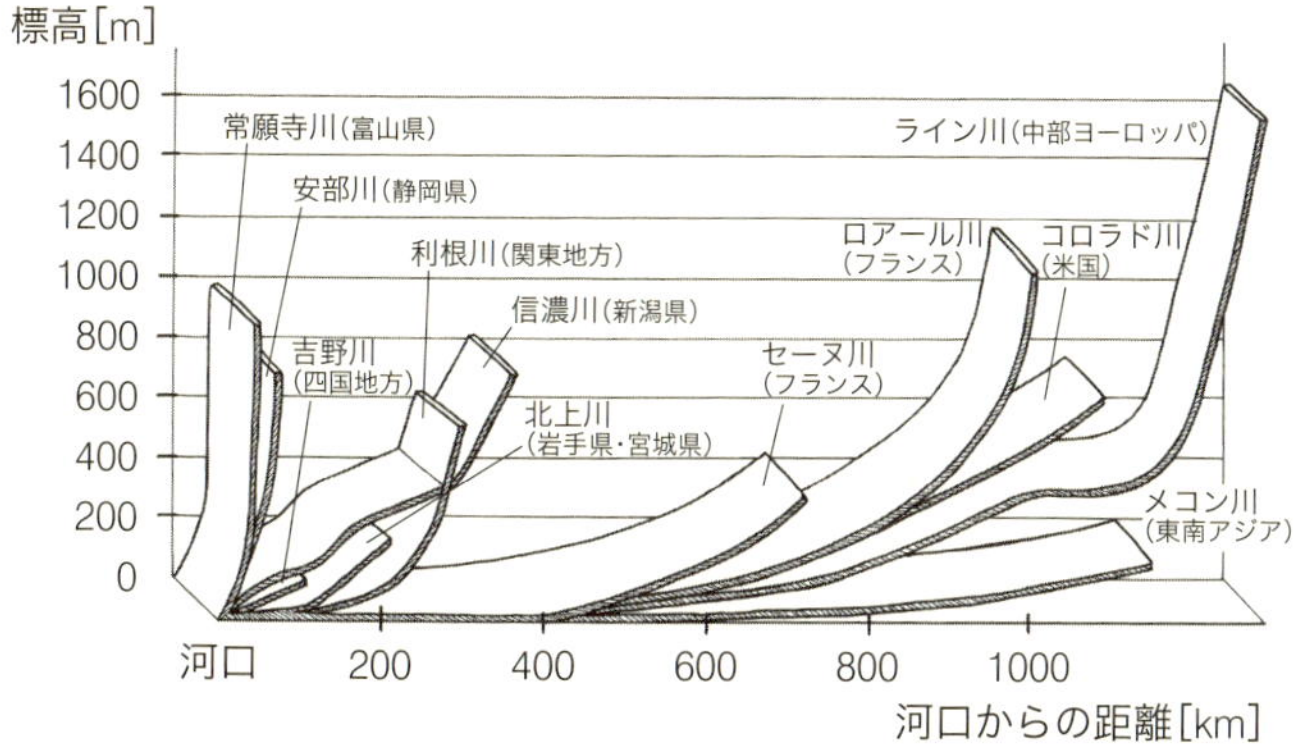

図3･1　日本と諸外国の河川勾配比較（出典：国土交通省HPをもとに作図）

の住む側全体に土盛りをして、市街地ごと嵩上げしてしまおうという大技、あるいは力業も繰り出されるなど、その技術的進歩には目を見張るものがあります(図3・2)。しかし、だからといって洪水被害が完全にはなくならないのはなぜなのでしょうか。これはやはり災害自体が「想定を超える」ことで初めて顕在化するものであり、常に自らが想定した範囲でしか完全な対策ができない人間に対して、自然の営みは常に人間の想定を遥かに超える可能性を持ち続けているためと考えられます。

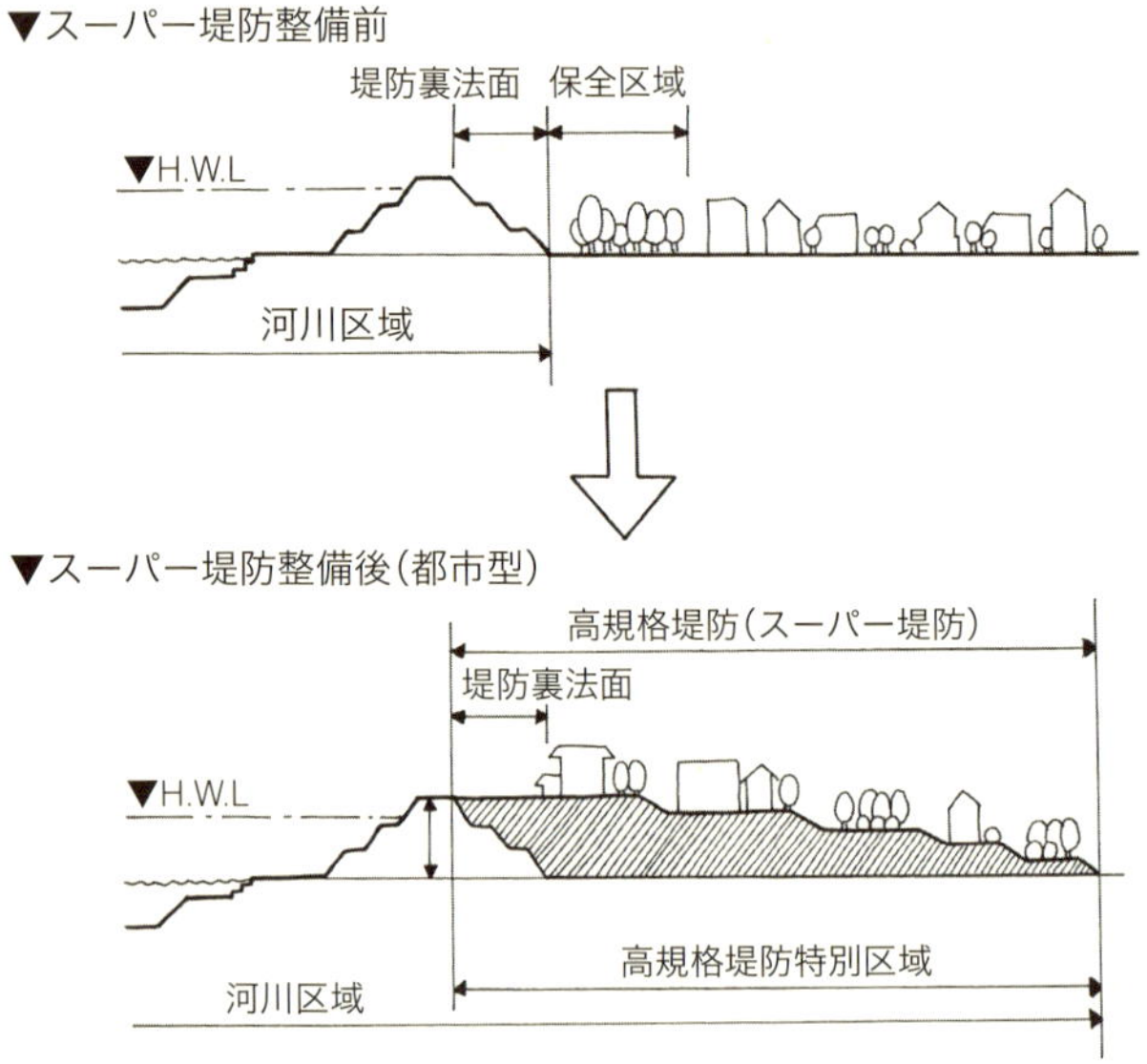

図3・2　スーパー堤防の概念図
(出典：国土交通省関東地方整備局・利根川上流河川事務所広報資料をもとに作図)

うか。

◈隙間によって水勢を弱める

では、近代的な道具も、工法も、ましてやコンクリートのような材料もなかった近世以前には、いったいどのようにしてこの毎年のように繰り返される水害から生き延びてきたのでしょうか。

かの武田信玄をして「水を治むる者、国を治める」と言わしめたように、当初より治水は、食料を支える農業を守り、民の安全を確保し、国家の基盤を築くために不可欠な事業でした。当の信玄は、その名も「信玄堤《しんげんつづみ》」と呼ばれる治水事業を展開しています。これは、「霞堤《かすみてい》」と別称される仕組みであり、その名のとおり、古い絵図に見られる「たなびく霞」のように、所々が不連続にちぎれた形状が特徴となっています。現在の私たちの目から見ると、堤防がはじめから切れていること自体とても信じ難いことに見えます。もちろんかつてより、現在のように一滴も漏らさない堤防をつくることも試みられてきたはずなのですが、いったいなぜこのような形になっていたのでしょうか（図3・3）。

一つの理由には、当時の技術では十分な水圧に耐えられる築堤技術そのものがなかったために、幾度も補修しては毎回違うところから破堤してしまうことが繰り返されてきたことが挙げられます。このため、「あえて破堤する（水が漏れる）場所を始めから設定しておく」ことで、すなわち洪水被害が生じるところをあらかじめ決めておくことで、わざと水を漏らせて、逆に守るべきところに洪水が及ばないようにする手段に踏み切ったものと考えられます。

とはいえ、一度破堤したところから漏れた水は長期間そこに留まることになり、その後の復興や活動の障害になります。そこで、水を漏らせる場所では完全に堤防を切り取ってしまい、逆にあふれた水が排水されやすいように、流下方向に向かって自然に川に水が戻るような形状へと進化したものと考えられます（図３・４）。

具体的な事例について見てみましょう。奥

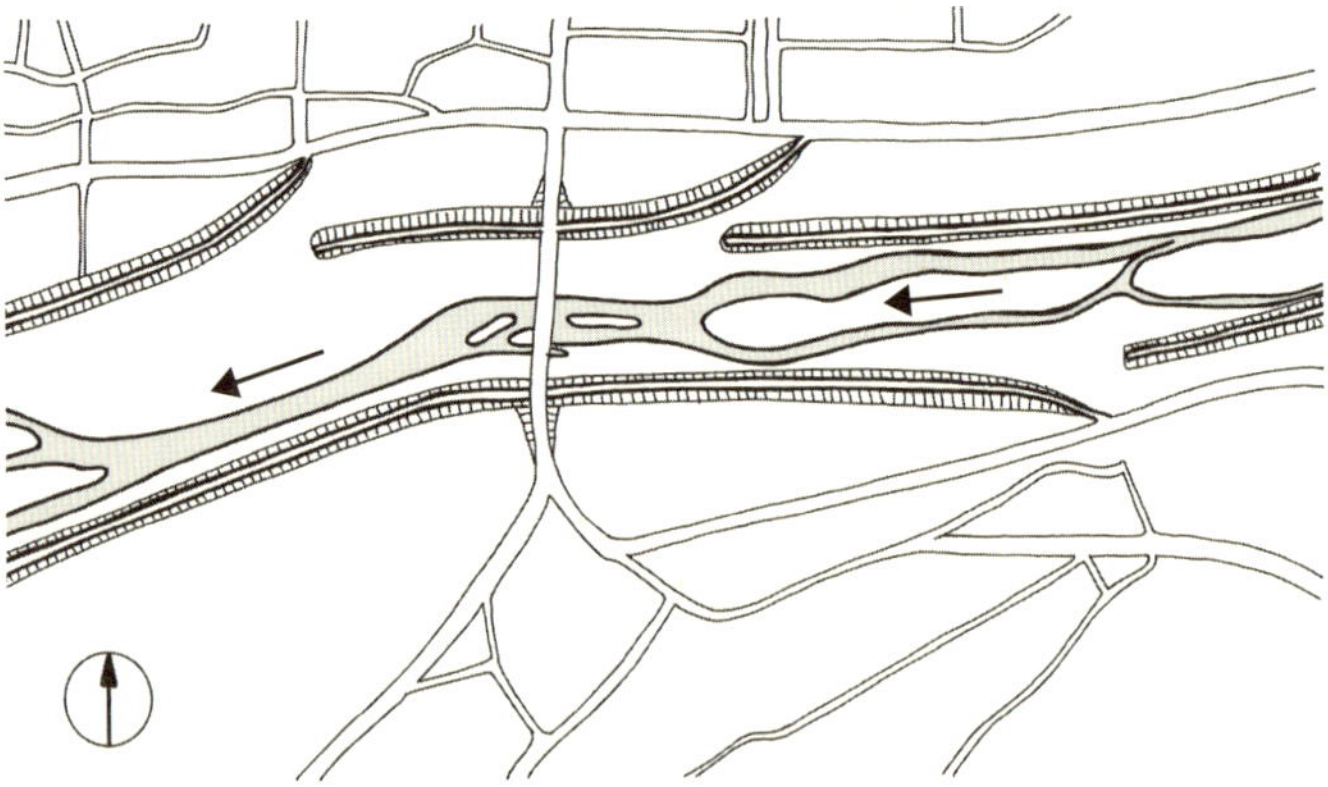

図 3･3　三峰川の霞堤（長野県・伊那市）

三河の山あいを刻むように流下する豊川は、河口付近の都市部において、河畔林をしたがえて大きく蛇行しながら三河湾に注いでいます。そこでは、先人たちが川の特性や地形的条件を活かして大河との共生を図ってきた「霞堤」が現在にも生きています。当然、豊川の水位が上がれば堤防の途切れている地域では水害が起こるのですが、豊川の水が溢れ出す一帯ではかつて民家の建設が禁じられており、「遊水地」と呼ばれる一時的に氾濫させる場所としてあらかじめ定められていました。遊水地は主に畑や水田に利用が限られていたため、氾濫原としての役割を果たすと同時に、上流から運ばれてきた土砂が堆積し、自然の恵み豊かな土地となり、農業には好都合な土

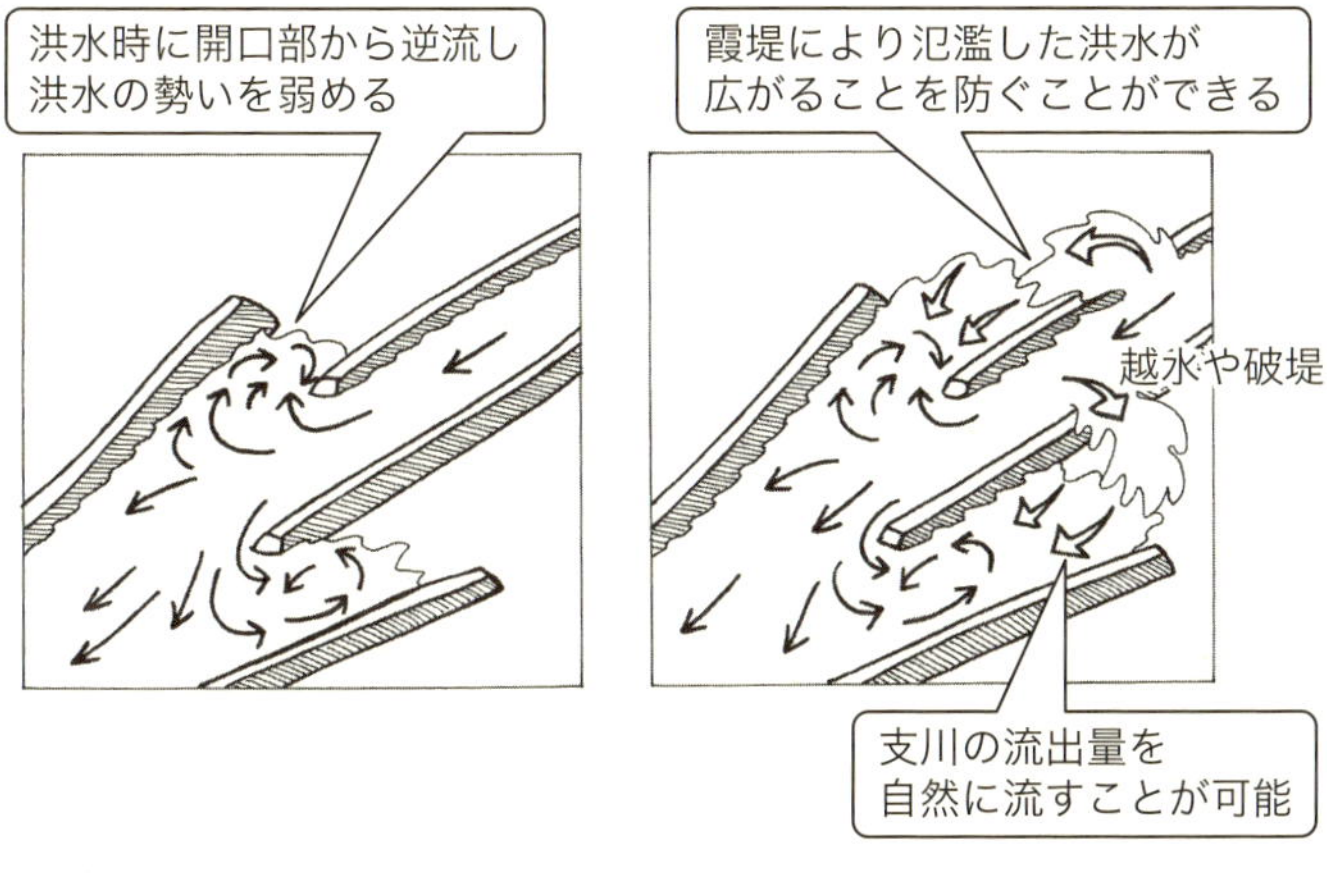

図3・4　霞堤のはたらき（出典：京都府亀岡市広報資料をもとに作図）

地となったのです。しかし、現在では遊水地内にも人が住むようになったため、一部の霞堤は閉め切られ、通常の堤防へと改変されつつあります。

このように、豊川では伝統的治水システムが用いられる一方で、生活レベルでの洪水との関わり方も工夫されていました。多くの家々は家の土台となる土地を1メートル以上土盛りしてかさ上げし、万一の洪水による浸水をなるべく避けようとしてきました。同時に家の敷地の周囲をいわゆる「屋敷林」で囲んでいくのですが、これは洪水時に流れてくるガレキなどが屋敷内に入らないように防御する外部フィルターの役目を果たすだけでなく、逆に家の中の家財が洪水の後の引き水で外へと流出してしまわないようにする工夫でもあったと考えられています。さらに個々の建物の構造にも工夫がなされていました。浸水しやすい1階部分は洪水のたびに泥流で洗われることになるため、水に弱い土壁を一切使わずに板壁とし、床も畳ではなく板が使われていたのです。もし土壁を使っていたら洪水のたびに崩れて塗り直さなくてはならなくなり、畳も泥水を吸ってしまってすべて敷き換えなければならなくなりますが、木板であればこれを洗って乾燥させてやれば、遙かに短い時間で、しかも安いコストで通常の生活が可能な状態に復旧できるからです。

この「霞堤」の築堤方法の工夫は、いわば完全に被害を防ぐ防災の考え方をあえて放棄することによって、想定外の規模の洪水が発生した場合にも最小限の被害規模に抑え、何よりも素早い復興を可能にするという、優れた減災効果をもたらしたのです。

◆桂垣の隙間と弾力

同様の減災の考え方は、個別の建物の設計思想の中にも見ることができます。京都の桂川のほとりには、17世紀に八条宮家の別荘として造営され、その後の大戦で一時陸軍の所轄になり、後に皇室の離宮として利用され始めた「桂離宮」があります（図3・5）。そばを流れる桂川は、もともと毎年のように洪水を引き起こす「暴れ川」として恐れられており、

図3･5　桂離宮と桂川

この桂離宮もその度ごとに一定の被害を受けてきました。しかしながら記録を見る限りこの離宮は、室戸台風などの風害に伴う倒木などにより大規模に被災している一方で、洪水によって壊滅的な被害を受けたことはありません。地理的にはどう見ても洪水被害を免れないはずで、実際に周辺地域ではかなりの被害が出ているのですが、なぜか桂離宮に限っては、洪水による大規模な被災の記録が一度もないといいます。これはいったいなぜなのでしょうか。

その秘密は敷地の周囲に巡らされた生け垣にあるようです。ここの生け垣は、「桂垣」と呼ばれる特殊なもので、地面から生えている「生きた竹」をそのまま折り曲げ、穂先を編み込んでつくられた垣根になっています。「桂垣」はその姿から笹垣と思われていますが、実は耐水性の良い「淡竹」を生えたままに折り曲げて編み付けられています。しかし竹を編んであるだけですから、当然あちこち隙間だらけな上に、構造的にはほぼ生きた竹の弾力のみに依存しており、どう考えてもこれが大量の濁流と土砂が押し寄せる洪水に対して、いわゆる現在の堤防ほどの役割を果たしうるとは思えません（図3・6）。

実際に洪水が起こると、この隙間から水が敷地内に流れ込んでしまうわけですが、垣根沿いに一定間隔でケヤキも植えられており、垣根の裏側は折曲げられた「淡竹」とともに「真竹」も高密度に植えられているため、襲い来る濁流に含まれる土砂や流木は、垣根、竹林、ケヤキの隙間を通る過程でフィルターのように漉し取られ、同時に流勢も竹の弾力によって弱められるため、敷地内では緩やかな流れになるように計算されていたようです(注1)。まだこれだけでは洪水による破壊は免れても、内部の建築は浸水してしまうことになります。しかし内側の建物自体が高床式につくられているため、結果として床下浸水にはなるものの、致命的な被害は受けずに済んでしまうのです(図3・7)。

以上のように、実は桂垣では、生きた竹の「隙間」と「弾力」こそが、「高床」という内部の建築的な工夫との相乗効果によって、有効な「減災」の効果をもたらしていたのです。当時は現在のような丈夫で巨大な堤防を設け

図3・6　桂川に面した桂垣とその仕組み

る技術もなかったわけですが、むしろそれゆえに、襲い来る濁流を柔らかく受け止め、受け流すという逆転の発想とも言える知恵が編み出されたと考えられます。もし当時の技術と材料の範囲で現在整備されているような強固な堤防を築こうとしていたら、一定レベルを越える洪水が来るたびに現在よりも遙かに高い頻度で破堤し、繰り返し大きな被害を受けていたはずです。

一定の被害をあえて許容することで堤防そのものを破壊から守り、逆に想定を超える災害時にもその被害を最低限に抑えるこの考え方は、前掲の霞堤と同様、洪水対策版のいわば「しっぽを切って生き延びる」知恵と言えるでしょう。

図 3･7　桂離宮の高床構造（京都市・西京区）

◆もう一息の高さをかせぐ畳堤

洪水時に臨時的に堤防をかさ上げして水害を最小限に抑えようという、特徴的な取り組みについてもご紹介しましょう。40年以上前に考えられた対策ではあるものの、本書で取り上げる伝統的な事例とは位置づけが少し異なるかもしれませんが、どの家庭にもある同じサイズの「畳」を、有事には堤防のかさ上げに利用しようという「畳堤」(注2)の戦略です。冗談のように聞こえるかもしれませんが、実際に兵庫県たつの市の揖保川や、岐阜県岐阜市の長良川、宮崎県延岡市の五ヶ瀬川などで見ることができます。

この「畳堤」では堤防の最上部に、畳を差し込んで固定することのできる欄干が設けられています。河川の水位が上昇し、いよいよ堤防を乗り越えそうになると、住民が協力して周辺地域の各戸から、規格が統一されている建築部材である畳を持ち寄ってそこに差し込み、一時的に堤防をかさ上げすることによって、想定外の水害にも対応できるように工夫されているのです(図3・8)。しかも、この畳、きっちり並べてはだめで、あえてある程度の隙間を空けて差し込むことが、破壊を防ぐコツだそうです(注3)。

これらの地域では、もともと河川から周辺住宅までの距離が近いために十分な土手を築造するだけのスペースがなく、当初はコンクリート壁を堤防の上部に建設する予定だったそうですが、昭和初期当時の住民達の協議により、見通しの悪くなる巨大なコンクリート壁を建設する代わりに、このアイディアが選択された経緯があります。

ここでは、あらかじめ日常生活を圧迫するような壁を設けるのではなく、有事に住民が協力して畳を持ち寄ることをルールとすることで、すなわちコミュニティの結束とどこにでもある資材を流用することで、被害をできるだけ小さくすることが試みられています。これは前掲の、大火の際に建具を担架代わりに使って、地域で家財を避難させた手法ともどこか似通っているように思われます。

図 3・8　揖保川の畳堤（兵庫県・たつの市）（提供：YANO ／矢野時計店）

◆洪水からすばやく復旧する橋

前述の例は、増水の際にあと少しの高さをかせげる、いわば即時対応によって被害を減じようとする築堤の工夫でした。一方で、川の流下方向に交差することになる橋については、増水時に横からまともに水圧を受けることになるため、同様の方法で欄干の高さを稼ごうとすると強大な水圧にさらされることになります。かといって丈夫につくろうとすればするほど、破壊されたときに瓦礫となって下流に与えるダメージが大きくなるという、古来より即時対応が難しい構造物でした。ここでは、即時対応を潔くあきらめてしまい、むしろ素早い事後復旧を旨とすることよって、減災を目指した橋の工夫についてご紹介します。

一つは、四万十川などで今も数多く見ることができる「沈下橋」です（図3・9）。この橋はその名のとおり、増水によって水面が上昇するとあっけなく水没してしまう橋です。「水没してしまうのでは、橋としてまったく役に立たないではないか」という、至極ごもっともな意見が聞こえてきそうですが、この橋は「増水時にあえて水没する」というか、「うまく流れの中を泳ぐ」ことによって橋にかかる水圧をしのぎ、水が引いたら何事もなかったかのように姿をあらわし、そのまま使えるという、まるで忍者のような生存術を採用しているのです。激流の中でも押し流されないためには、水の抵抗を受け流せるように橋桁をなるべく薄くし、かつ余分な抵抗となるものを排除することが重要となるため、この橋には始めから欄干すらありません。橋桁の横断面の両端も、鋭く研ぎ澄まされているか丸く成形されており、まるで飛行機の翼のようにも見えます。こんな形をしているため、普段この橋を渡るにはある程度の勇気や慣れが必要で、実際に端からそのまま下に落っこちてしまったものと思われる水没したままの車や自転車を見かけることがあります。かといって、危なくてまったく渡れないかというと、このタイプの橋は一般に橋桁の高さが普段の水面すれすれに設定されているため、万一落ちてもダメージは最小限

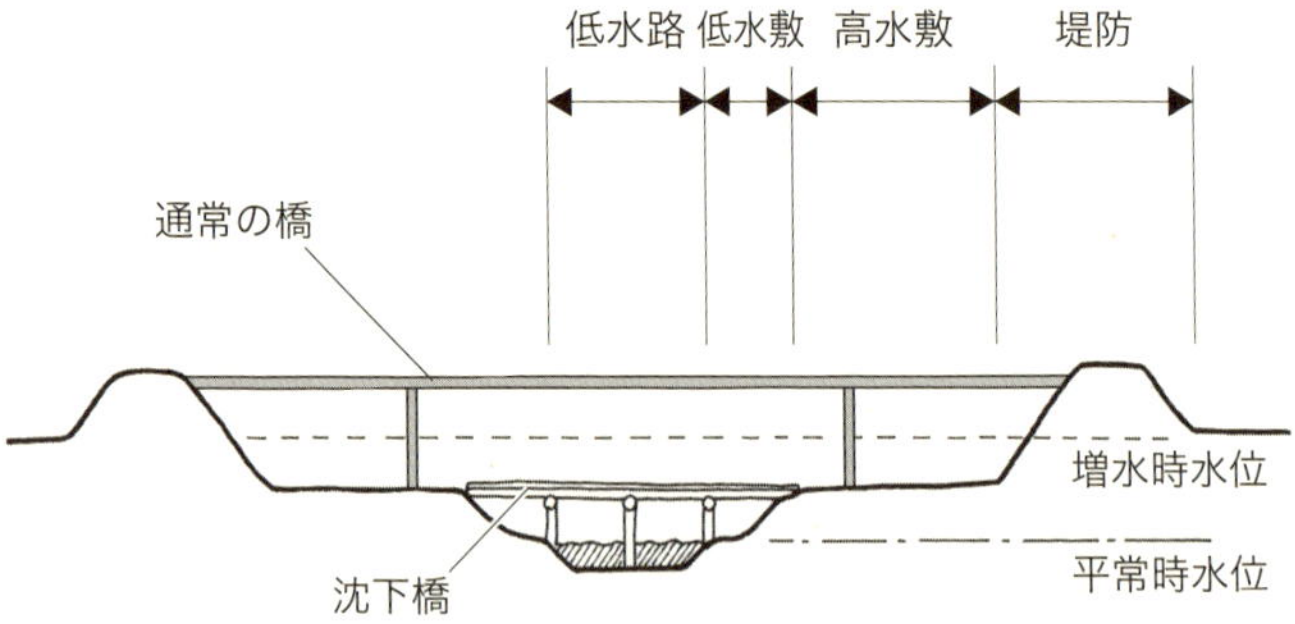

図 3・9　沈下橋

で済みます。このように高さを水面近くに設定しておくことも、実は増水時の激流を乗り切る重要な工夫になっています。増水した時に水深の深いところに潜っていられれば、もし流木が暴れながら流れ下るような大洪水に見舞われても、問題の流木などは遥か頭上を通り過ぎるだけで橋そのものに激突するリスクを減らせるからです。

もう一つの例は「流れ橋」です。京都の久御山町と八幡市を結ぶ地点で、木津川に架かる「上津屋橋《こうづやばし》」は、よく時代劇のロケ地としても使われている有名な人道橋です（図3・10）。この橋は1953年に渡し船のかわりに架けられたもので、木製の橋桁を橋脚に乗せただけという構造になっています。このため、水

図 3・10　上津屋橋ー現代に残る流れ橋（京都府・八幡市）

位が上昇すると浮力により橋桁は橋脚を離れて、文字通り「流れる」ことになります。これは、橋桁部分をあっさりと流してしまうことによって、復旧に時間がかかる橋脚ごと破壊されるという最悪の事態を回避しているのです。また一度橋脚だけの形になってしまえば、増水時に流れてくる流木などが引っ掛かりにくくなるため、ダム状に溜まった流木が一気に決壊して、下流側に被害を拡大するリスクをも減らすことにつながります。とはいえ、増水のたびに流されて、はるばる下流から部材を拾い集めて橋桁を復旧することは、かなり大変な労力と費用が必要となります。このため現在の上津屋橋では、橋桁をパネル状に分割してロープでそれぞれの橋脚と結びつけておくことによって、流された後の復旧作業を容易にする工夫がなされています。最近でも2011年9月の台風12号で流出するなど、着々とその実績を重ねつつあります。

これらの橋は、増水を前提として設計され、完全な防災を目指して強くも危うい重装備を纏うことよりも、水の流れを受け流し、一定の被害を受け入れつつも素早い復旧を旨とした身軽さに、その真骨頂があると言えるでしょう。

◆流れとともに生きる

世の中にはむしろ、洪水を利用してきた地域もあります。古くは古代エジプト文明のナイル川河口地域や、メソポタミア文明のチグリス・ユーフラテス川河口地域が知られ、流域の人々は年に定期的に洪水が来ることを利用して、上流から肥沃な土砂を運ばせては、豊かな農地として開拓してきたのです。日本でも同様な原理を利用して、狭い平野部で集約的な水耕農業を営むために洪水と共存してきた地域があり、前述した三河湾を臨む濃尾平野はその代表的な例となっています。

確かに農地自体にとっては、洪水は肥沃な土壌を運んでくれる自然の恵みとなり、土地が水に浸かることで水の豊かな土壌になるために都合が良いことになります。濃尾平野では、低湿地であることを活かして農地に縦横に整然とした溝を掘り、そこに導水して農地を潤すとともに、掘った土で土盛りをすることで農地を形成し、人間は小船に乗って米の栽培や収穫作業を行うという「堀田農業」という水耕栽培を営んできました。

堀田とは、特に濃尾平野にある輪中地域につくられた洪水と共生するための独自の溝渠農業で、まわりの土を掘り上げて盛ってできた水田面と、その掘られてできたクリーク・沼で成り立ち、前者は「堀上げ田」、後者は「堀潰れ」と呼ばれています（図3・11）。なお、かつては輪中内の低い水田地帯に多く見られましたが、現在は土地改良事業によりそのほとんどが失われています。

洪水を利用して豊かな土壌を得ようとすると、今度はそこで耕作を営む人々の住環境をいかに守るかが問題となります。住居は、毎日の農作業をするためには農地に近い浸水エリアに置くことが大前提となります。しかしながら居住地が水に浸かると、日常生活に多大な影響を被るばかりでなく、蓄えておいた大切な穀物や伝統的な木造家屋がひどく傷む結果となり、当たり前ですがとてもそのまま住み続けることはできません。このため彼ら

図3・11　輪中地帯での堀田農業（岐阜県・海津町）（右上／提供：河合孝）

は集落全体を洪水の激流から守ることを目指して、ここでは「輪中」と呼ばれる堤防を村の周囲に築いて「そこに留まる」ことを選んだのです。

◆輪中の生活

しかしこの輪中堤、周囲すべてを取り囲んでいるのではなく下流側が開放されている「尻無堤《しりなしつつみ》」という不完全な堤防が起源になっており、これまた「いったいなぜ？」と思わせる構造になっています（図3・12）。賢明な読者の皆さんはすでにお気づきかもしれませんが、堤防の内部にも水を引いて農業を行うという目的だけでなく、霞堤と同様、そもそも当時

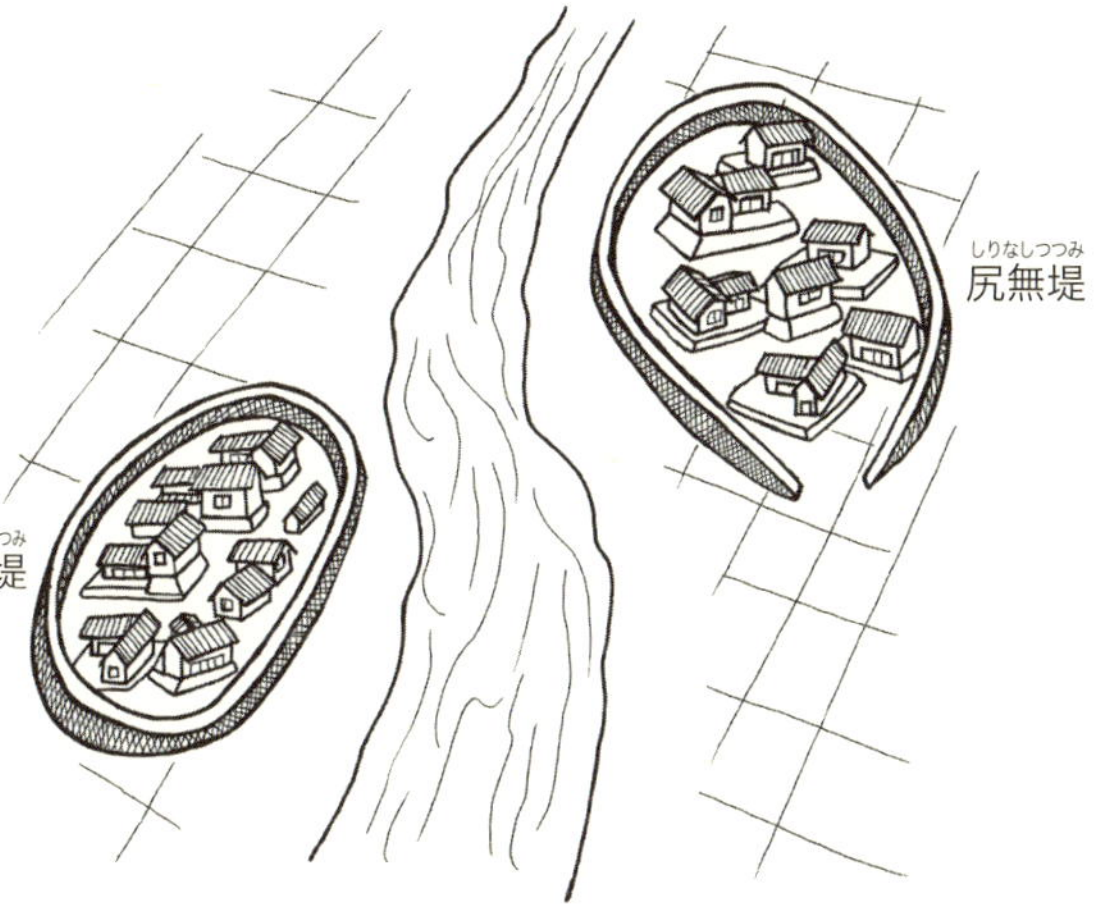

図3・12　輪中堤

の築堤技術では十分な高さを持つ強固な堤防をつくることが不可能であったため、万一浸水した場合のことを考慮して、洪水に対する永続的な防御性よりも、復興へ向けた排水性が重視された結果と考えられています。

さらに、先ほどの桂離宮と同じ考え方で、ここでは建物そのものを石垣で組んだ基礎の上に建てることによって、少しでも床上浸水にならないように工夫がされてきました。実はこの基礎の高さが曲者で、どうしても他人の家よりも高くしたくなるのが心情なのですが、それが火種となって揉め事が起こらないように、集落ごとに高さが定められていたようです。結果、輪中地域ではきれいに高さのそろった石垣の上に住居が建ち並ぶ独特の風

図 3・13　石垣の基壇上に並ぶ町並み（岐阜県・海津市）

景が広がることになり、伝統的景観の重要な構成要素となっています（図3・13）。

土地を守る大切な氏神を祀った神社などは、集落の中でも特に高台になっているところに設置されています。特に神社の場合、場所を崇めるという宗教上の理由で特定の場所から大きく動かすのが難しいこともあって、何度も洪水で流されては少しでも被害の少ない場所へと少しずつ移築され、さらに高い基礎を設けて再建されてきたため、地域の中でも長い洪水の歴史をくぐりぬけた最も安全な場所になっていったと考えることができます（図3・14）。また、洪水によって被害が発生すると、その荒ぶる神を鎮めるためにあらたに水神が祀られてきました。その多くがこれまで

図3・14　高基礎の稲荷神社（岐阜県・大垣市）

に決壊が起こった堤防の上に置かれており、毎年決壊が起きた日を記念してお祭りが執り行われていました。こうすることでいつまでもその教訓を忘れないようにしてきたのです。

輪中を特徴づけるそれぞれの要素について、同じ濃尾平野の岐阜県内に位置する大垣輪中を例にとって、もう少し詳しく見ておきたいと思います。

実際に洪水が発生した際に応急的に対応するために設けられた「水防倉庫」は、かつて堤防が決壊した場所の付近に多く位置し、倉庫の中には、杭・掛矢・縄・鉄線・蛸槌等の防災資材が収納されていました。大垣市内では今でも堤防の上に約40カ所の水防倉庫があります（図3・15）。

「水屋」は輪中を特色づける代表的な建物で、母屋とは別に石垣の上など高い場所につくった家屋を指します（図3・16）。普段は離れ家や倉庫として使われる程度ですが、ひとたび洪水になると母屋に代わり長期にわたって、いわば敷地内避難所として家人の生活を支える役割を担ってきました。このためそこには貴重品はもちろん、食料や日常の生活用品が常に保管されていました。水屋の土台の高さは地域によって異なるのですが、大垣輪中の場合は一般に標高の低い南部ほど高く、現在も残るものは明治29（1896）年の大洪水の際の浸水点を基準にしていると言われています。やはり十分な高さの基壇を建造するための費用が高いのですべての家に設

図 3･15　堤防上に設けられた水防倉庫（岐阜県・大垣市）

図 3･16　母屋より基礎の高い水屋（岐阜県・海津町）

けられていたわけではなく、敷地内に水屋を建設できたのは裕福な家に限られたようです。

一方で、水屋を持てない貧しい農民たちが利用したのは、洪水の際に水害から身を守るために築かれた共有地としての「助命壇」でした。多くは避難の際の目印となるように木などが植えられており、現在も集落の中心を示すシンボルになっています（図3・17）。

輪中ではこのような物理的環境による対策だけでなく、それぞれの家の内部の工夫や人的体制による対策にも取り組んできました。実際に激流を伴う洪水が襲ってくると、まずは上流側の輪中堤がその衝撃を受け止めることになり、そして下流側の開放されている場所から浸入してくる水によって、緩やかに水

図3・17　高台となる助命壇（出典：海津市歴史民俗資料館所蔵）

位が増しはじめます。その隙に住民たちは洪水に備えるための支度をしたのです。

特に仏壇とそこに納められている先祖の位牌は、家人にとって命の次に大切なものでした。毎年のように洪水が襲う地域なので、これも貴重品と一緒に前述の水屋に納めておけば良いようにも思いますが、これだと毎日の礼拝のたびに母屋を出て水屋まで行かなければならなくなり、また祖先の霊は常に家人と共にあるべきという古来の考え方からは、仏壇を母屋以外に置くことがどうしても受け入れ難いことだったのでしょう。しかし逆に大切な仏壇を母屋に置いておけば、今度は洪水のたびに解体して水屋へ運ばなければならなくなってしまい、毎回大変な手間となると同時に、この作業が家人の逃げ遅れの原因になることは明らかです。常に生活のそばに先祖の霊を祭りつつ、有事には迅速に安全な場所に避難させる、この難しく相反する2つの条件を両立させるために採られた対策は、まるで忍者屋敷のようなカラクリだったのです（図3・18）。

「上げ仏壇」と呼ばれるこのシステムでは、水害の際に濡れないように仏壇そのものが上下に可動するようになっており、水害が発生した時には簡単な操作で素早く天井裏へ引き上げられるようになっています。今でもこれが残る民家は数少ないのですが、そのメカニズムの先進性には目を見張るものがあります。現代のエレベーターと同じように滑車と重りが使われており、

図3・18　上げ仏壇（出典：海津市歴史民俗資料館所蔵）

この機構によって少ない力で巨大な仏壇を速やかに浸水深よりも高い上階へと引き上げることができたのです。

また輪中がつくられるような低地では、ひとたび洪水が発生すると、いかに輪中堤の下流側が開放されていたとはいえ、河川そのものの水位が下がり水が引くまでは数週間という長期の避難生活を余儀なくされることになります。その期間中一切家から出られないことになると、近隣住民の安否確認や、足りなくなった食料などの調達にたいへんな不便をきたすことになります。これに備えるためには、各家庭で洪水期間中の移動の足となる小舟を保有しておくことが必要になるのですが、敷地内に小舟を平置きしておこうと思うと、今度はそのスペースが問題となります。もともと洪水に備えて敷地の基礎に土盛りをしてきたわけですから、舟を置くための場所を地上に確保するだけでも、その費用がばかにならなかったはずです。そこで考え出された保管場所は、なんと母屋や水屋の軒裏でした。舟をひっくり返して天井側の梁の上などに引っかけてある例もあります。その名のとおり「上げ舟」と呼ばれるのですが、こうすることによって、日常生活をする地上部分を占拠することなく、いざという時にはすぐに引き降ろして使えるように工夫がなされていたのです（図3・19）。

地域コミュニティによる伝統的な人的対策も充実していました。輪中に囲まれた集落にとって、上流側の堤防が切れることは死活問題であったため、各輪中に水防組がつくられ、水害に臨む準備を怠らなかったといいます(注4)。水
輪中地域において昔から水防活動が盛んな理由については、「運命共同体としての輪中意識」(注5)に支えられたものであると考えられています。水防体制の多くは江戸時代を中心に組織化されたものが多く(注6)、当時から様々な取り決めがなされていたようです。例えば、水防組にはすべての家からの参加が義務づけられており、洪水発生時の対応手順について詳しく取り決めがなされていただけでなく、見張り番による情報収集、堤防の補強を行う実働部隊、土嚢の準備や炊き出しによってこれを支える支援部隊など、役割分担

図3・19　軒下に引っかけられた上げ舟

についてもルールが定められていました。この水防組は明治以降も水害予防組合として存続していましたが、現代になってダムなどの大規模な治水事業が進むにつれ次第にその必然性を失い、同時に地域コミュニティの絆も薄れつつあるといいます。

災害は常に想定を超えて発生します。将来にわたり本当に安全が担保されているのか、これは誰にも答えることができない課題であり、現実的にも絶対の安全はあり得ません。このように考えると、私たちは技術に頼り切ることと引き替えに、コミュニティという重要なバックアップを失いつつある事実もまた、知っておかなければならない課題といえるでしょう。

2

万一に備える生き方
——身近な場所への避難計画

◆津波避難所になった寺

ここまで主に伝統的な洪水対策について見てきましたが、2011年の3月11日に東日本の広い地域を襲った「津波」についても、伝統的な対策が奏効したと考えられる例が挙げられます。津波も洪水と同様に、その地理的な条件に左右されやすい災害であり、一度被害に遭った場所では、その後も繰り返し被害を受けやすいという特徴を持っています。

特に今回被害が甚大だった地域においては、あらかじめ行政により指定されていた避難所そのものの被災によって、数多くの指定以外の民間施設が一時避難場所や避難所として使用されました。その中には地域の寺などの伝統的な施設が、昔ながらの「駆け込み寺」として大きな役割を果たしていたのです。

例えば瑞巌寺のある宮城県の松島湾内沿岸は、今回の震災においても周囲に比べて津波被害が軽微であったと言われています。実際に津波は、瑞巌寺の参道の途中や放生池付近まで遡上しましたが、本堂付近には到達せず、また水勢も湾外に比べて弱かったため、壊滅的被害を免れています。本堂もたまたま修理のために重い瓦を降ろしてあったため、境内の建物は地震動による構造的被害も比較的少なく、瑞巌寺では、家が浸水被害を受けた門前町の住人や帰宅困難となった観光客を、境内の修行道場に収容することとなったのです（図3・20）。

　この修行道場は、もともと禅寺として修行僧を受け入れる用途に供されていたため

図 3·20　瑞巌寺の周辺環境（宮城県・松島町）

に、広い畳敷の部屋を備えていたほか、米の備蓄もありました。寺には法要の際に用いる大型の厨房や調理器具も備わっており、大人数の食事提供に対応できただけでなく、門前の土産物店からも食べ物となる商品の提供を受けることができました。停電に対しては、献灯用の大型のろうそくが役に立ちました。水についても震災直後は上水道が断水した上、山手にあった防火用の湧水揚水施設も停電により汲み上げができなくなりましたが、同施設のタンク内に残された水を用いることでしのいだとのことです。これら寺院の持つ一時避難所としての「素質」のおかげで、実際に避難していた人からは「指定の体育館などに避難するより快適で、食料も豊富だった」な

図3・21　震災翌日の瑞巌寺道場（提供：桂悠花）

どの声も聞かれました（図3・21）。この瑞巌寺だけでなく、臨時的に避難所として活用された同様の社寺は相当数に上っており、町に昔からある地域遺産が「現代の駆け込み寺」として、その能力をいかんなく発揮したものといえます。

この他にも宮城県の女川町では、市街中心部で鉄筋コンクリート造の町役場を破壊するほどの壊滅的な津波被害に遭っていますが、市街地背後のわずかな高台に立地する白山神社は、からくも流失を免れています（図3・22）。瑞巌寺のように臨時の避難所として利用されたかどうかは定かではありませんが、現場の周辺環境から津波襲来当時の状況をうかがい知ることができます。津波は眼下の市街地を

図3・22　津波被害をしのいだ白山神社（宮城県・女川町）

押し流しながら高台の側面に激突し、斜面そのものを深くえぐるとともに正面の参道を飲み込みました。水はさらに斜面と階段を削り去り、立ち上った水しぶきは台地上まで上がってきたようですが、建物本体を破壊するまでには至らなかったのです。高台の上であっても、小さな祠や灯篭などは一部流失していることから、本当にギリギリの線で計算されたかのように「遺された」ものと考えられます。

一方で、このように津波を生き延びたのは、一部の伝統的な施設だけではありませんでした。断定するには詳しい調査を待たなければなりませんが、歴史ある町並みそのものも、近代以降に整備された新しい町に比べると、相対的に被害が少なかったことが明らかとなりつつあります。

◆土地の歴史

宮城県名取市の閖上《ゆりあげ》地区は、名取川河口付近に位置し、津波により壊滅的な被害を受けた地域です（図3・23）。しかし不思議なことに、明治期の地図と重ねてみると、同じような立地条件であるにもかかわらず、古くからある集落の付近は家が流されずに残っていることがわかりま

図 3・23　壊滅的な津波被害（名取市・閖上地区）

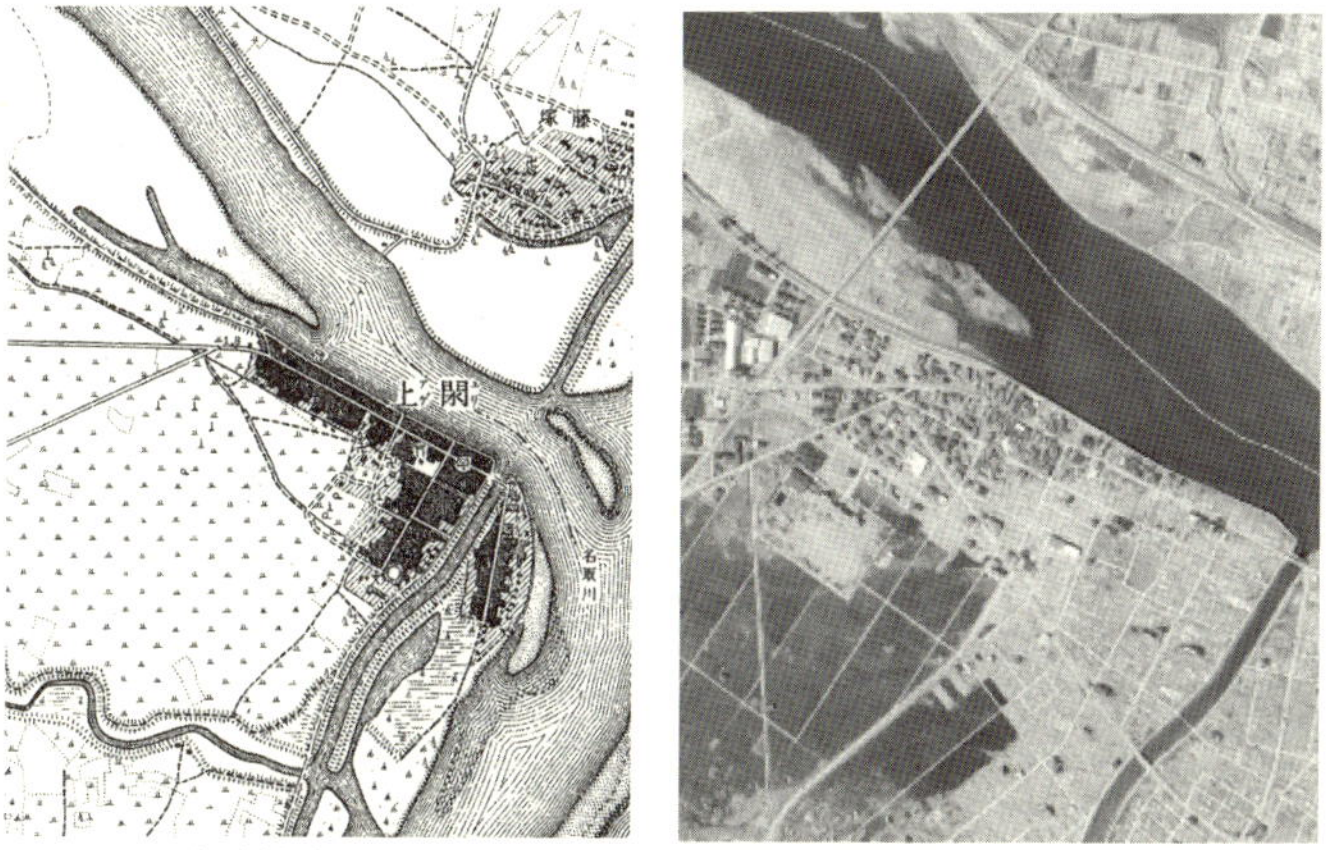

図 3・24　津波被害をしのいだ旧集落（名取市・閖上地区）
（出典：左／大日本帝國陸地測量部（明治 40（1907）年測量）、右／ GoogleMap（2011 年）

す。逆に壊滅的な被害を受けた地域の多くは、近代以降に新しく開発された場所だったのです（図3・24）。

では、このような現象はなぜ起きたのでしょうか。

これらの地域では、これまでも1896年の明治三陸津波、1933年の昭和三陸津波と、度重なる津波に襲われてきました。さらに津波の原因となるプレート型地震は、古来より定期的に繰り返し発生してきたため、はるか昔から津波と対峙してきた地域であると考えることができます。

先人たちは、おそらく何度も巨大災害に遭ってきたはずです。そして津波に流されるたびに次こそは流されまいと、わずかでも被害の少なかった場所を選んで町を再建してきたのではないでしょうか。近代的で高度な防波堤を築く術もなかった時代から、経験値を活かして危険な場所を見極め、そこを避けながら生活を続けた結果として、歴史的な町並みは今も私たちの目の前にあり続けると考えることができます。歴史が長いということは、それだけ災害を生き抜いてきた証であり、それ故に今回も比較的少ない被害で生き抜くことができたのではないでしょうか。

◆稲むらの火

一方、現在も東海・東南海・南海地震の発生が危惧されている西日本における和歌山県広川町も、古来より幾度となく津波に見舞われてきました。特に安政元（1854）年の安政南海地震による津波では、被害に遭わなかった家は1軒もなかったといわれるほどの大きな被害を受けています。このとき、浜口梧陵《はまぐちごりょう》という人物の行動によって、多くの人命が救われ、その後この津波の教訓を活かして、「広村堤防」が建造されました。

浜口梧陵は、安政南海大地震とその後に襲ってきた大津波に直面し、津波の第1波から辛うじて難を逃れた後、逃げ遅れた人々を高台の安全な場所に誘導しようと、収穫後の大切な財産である稲むら（ススキや稲束を積み重ねたもの）に火をつけ、この火を目印に村人を安全な場所へ誘導することで多くの人命を救ったと伝えられています。

しかし、津波により村そのものは大きなダメージを受けました。このため浜口梧陵は、その後も村の復興のために働き、被災者用の小屋の建設、農機具・漁業道具の配給をはじめ、各方面において復旧作業にあたりました。さらに将来再び襲うであろう津波から村を守るべく、私財を費やして堤防建設に取り組み、約4年をかけて、全長600メートル、幅20メートル、高さ5メートルの「広村堤防」を築いたのです（図3・25）。そして実際にこの堤防は、その後に襲った1946年の昭和南海地震による津波から、村の大部分を守り抜いたのです（図3・26）。

現在の広川町では、毎年11月に「ふるさとを大切にし、災害の恐ろしさを知り、おたがいに助けあい」を目的に、全国的にもまれな「津波祭り」を開催しており、先人の功績に感謝するとともに子供のころから防災意識を高め、防災知識を継承するための努力が続けられています。この浜口梧陵の行動は、戦前から戦後にかけて（1937～1947年）、小学校の国語の教科書に「稲むらの火」として掲載されていましたが、今再び津波防災教育の優れた教材として見直され、広く知られるに至っています。この「広村堤

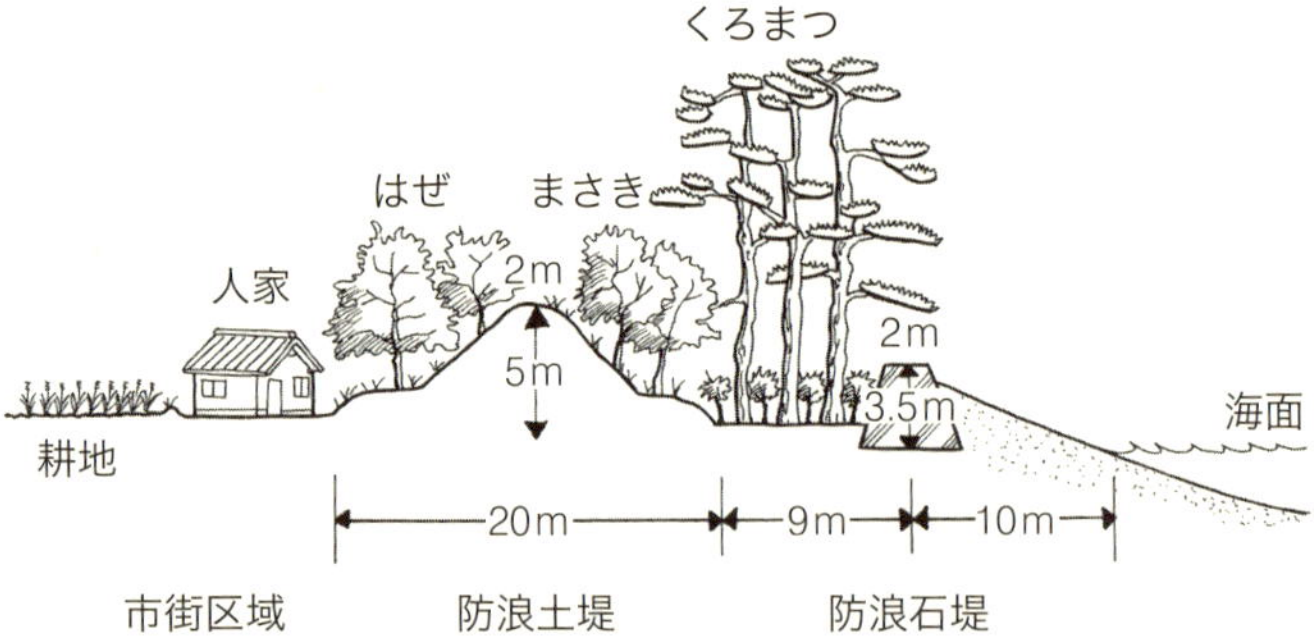

北側から南向きに見た場合。海までの距離は埋め立て前。

海側から（右から左に向かって）、15世紀初頭に畠山氏が築いた波除石垣（防浪石堤）、浜口梧陵が植林・築造した松並木（防浪林、防潮林）と土盛の堤防（防浪土堤）がある。

図3・25　広村堤防の断面（和歌山県・広川町）

防」はハードウェアとしても優れた防災対策でしたが、ソフトウェア対策としても現代に受け継がれるべき優れた取り組みの一つといえます。

　同様の津波常襲地域の一つに、土蔵による火災対策でも前掲した、高知県室戸市の吉良川重伝建地区があります。

　太平洋に直面し、背後に急峻な山地を従えたこの土地は、地震によって隆起し、波によって削られることを繰り返して形成された、ひな壇状の海岸段丘になっています。まさに地震と波によって形成された、津波と不可分な地形上にあることになります。

　吉良川の町並みは、この段差の上下にわたって一体的に形成されているのですが、昔は上の段と下の段との住民の間に絶対的な身分の壁が

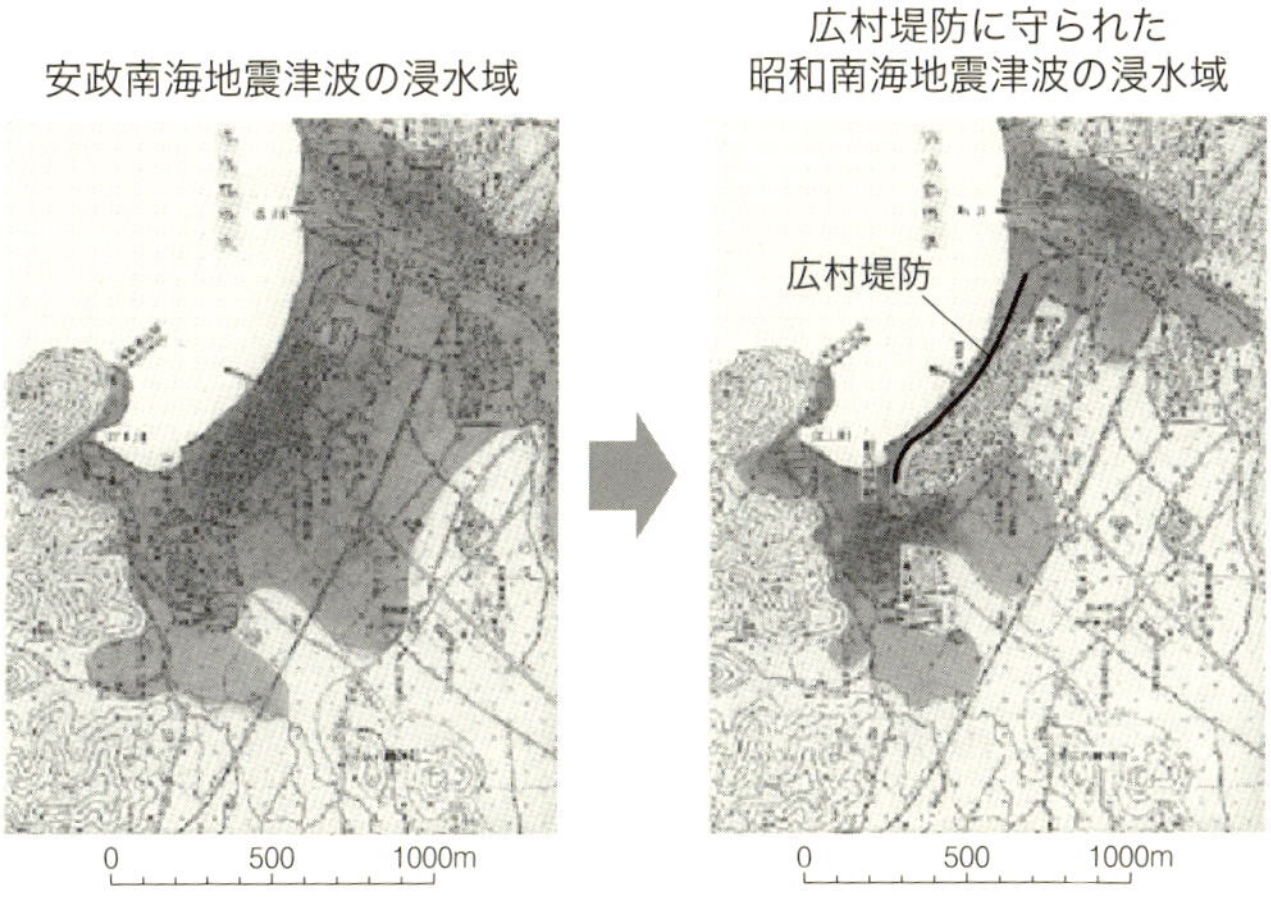

図 3・26　広村堤防の減災効果（出典：http://www.bousai-npo.org/d_inamura.html）

あったといいます。つまり、浜に近い低地となる「下町」と、その背後の若干の高台になる「上町」とでは、建物にも津波被害のリスクに応じて家を構えられる身分の違いがあったそうです(図3・27)。今ではかつて「下町」と呼ばれた地域は「西町」「中町」「東町」のように町名すら変えられ、そのような身分差別は残っていません。

このように、洪水あるいは津波の常襲地域では、基礎や地盤の高さ＝建物の重要度＝所有者の身分の高さ、という図式が景観の歴史的背景として隠されていることがあります。このあたりも気にしつつ古い町並みをあらためて眺めてみると、当時の様々な価値観や権力構造が見えてくるかもしれません。

図3・27　「いしぐろ」の石垣が現す地区内の標高差（室戸市・吉良川町）

4

日常としての風雪対策

――台風と豪雪に向き合う知恵と工夫

◆自然と共生してきた住環境

長さ約3千キロメートルに及ぶ日本の国土は、北は亜寒帯から南は亜熱帯に至るまでの多様な気候条件下にあり、桜前線も列島を縦断するのに約2カ月もかかります。緯度差にして約21度、平均の気温も北海道の根室で6・1℃、沖縄の那覇で22・7℃であり、その差は16・6℃にもなります。

このため日本の伝統的な建築や町並みは、材料からして身の回りの自然環境から手に入れ、永い時間をかけて多様な地域の環境に合わせるべく工夫を重ね、数多くの試行錯誤を経ることで様式を磨いてきました。その意味で、各地の気候風土を受け入れ、自然を活用し、時には荒ぶる自然に寄り添い、受身の姿勢でやり過ごすことで、地域独特の自然環境と共生してきたと言えます。そのような日常的な自然の脅威の代表的なものに、夏の台風や大雨、冬の豪雪などの「気象災害」が挙げられます。

1 低く静かにやり過ごす
——様式となった台風対策

◆福木と石垣

沖縄地方のような南方の風土では、台風は毎年のように襲い来る日常的な災害といえます。近年では「ゲリラ豪雨」と呼ばれるような集中的な大雨が、日本各地で局所的な被害をもたらしては大きな問題になっていますが、スコールの降るこの地域では特にめずらしい現象ではありません。このような環境の中で生活を築くためには、風雨をしのぐための工夫は必須の条件だったのです。

沖縄県の伝統的な集落でまず目にするのは、強い日差しを遮って家を取り囲む「福木《フクギ》」と呼ばれる豊かな屋敷林です。特に竹富島や渡名喜島など、重伝建地区に指定されている地域では、古来より住宅の敷地周囲に肉厚の常緑樹を密植して巡らせる形式が今に伝わっており、背の低い高さ1メートル強の石垣とあいまって、独特の景観を形成してきました（図4・1）。

　これは毎年のように直撃する台風の横風に備えるために編み出されてきた工夫であり、この防風林・防火林により建築物の屋根や軒など主に上部を強風から守る一方、樹冠が充分に発達しにくく守りが手薄になる下部については、珊瑚を積み上げた石垣でカバーするという「合わせ技」となっています。もともと沖縄県の離島の多くは、サンゴ礁で形成された土地であるため岩盤が少なく、本土の多くの地域のようには石材が得られません。このため安定性の悪い形の不揃いな珊瑚を積み重ねては、石垣を形成する以外に方法がないのが現状でした。それ故に、あまり高く積ん

図4・1　福木による屋敷林（沖縄県・竹富島）

でも今度は逆に石垣が強風に耐えられなくなってしまうため、試行錯誤の末にこのような少し低い高さに落ち着いたものと考えられます。あるいは、石垣を高くすると普段まったく風が通らなくなってしまい、日中の暑さに耐えられないという問題もあったに違いありません。

さらに防風の観点から見ると、石垣には必ず出入り口が必要になるため、そこから強風が吹き込むという問題が残ることになります。これをカバーするため、この地域では「ヒンプン」と呼ばれる控え壁を出入り口の奥に配置することによって、横風が内部に直撃しないように対策がなされています(図4・2)。なお、もともとこの壁には伝統的な「魔よけ」

図4･2　石垣の出入り口に設けられたヒンプン（沖縄県・竹富島）

の意味があることが指摘されていますが、先人たちの目にとって「台風のもたらす強風」そのものが、生活を脅かす「魔物」に見えたとしても、何の不思議もなかったと考えられます。

◆赤瓦の屋並み

ここまでは敷地の側からの伝統的な台風対策についてご紹介しましたが、逆に建築側での対策はどうだったのでしょうか。沖縄の伝統民家のアイデンティティといえる赤瓦を漆喰で押さえた美しい屋並みも、元はといえば台風対策の結果と考えられます(図4・3)。というのも、スコールのように強く降る雨に対しては、瓦による防水性の高い屋根の構成は必須の要件となります。しかし、本土で多く見られるような屋根土の上に並べる形式の通常の瓦では、強風に対しては飛ばされてしまう危険があります。このため、瓦同士を漆喰で接着し、さらに瓦の継ぎ目にまで漆喰を盛り付けて、隙間から風とともに雨が入り込まないように厳重に固定する工夫がなされたのです。南国の場合はさらに強い日射によって屋根が加熱されます。これを緩和するために、瓦自体を素焼きの素材でつくることによってあえて吸水性を持たせ、雨止みの後に浸み込んだ水分を蒸発させることでその際の気化熱により屋根表面の温度を冷却し、自然に屋根の温度を下げて室内の気温上昇を抑える工夫もされていました。それに対して、本土は素焼きのままの屋根瓦が少なく、釉薬まで塗って防水加工が施されているのは、水がしみこむと冬期に内部で凍結してしまい瓦が割れる原因となる恐れがあるからです。つまり、沖縄地方の伝統的な素焼きの赤瓦と白い漆喰の景観は、強風対策と日射による熱対策の結果として編み出された生活の知恵と考えることができます。

◆台風への備え

しかし「台風銀座」と呼ばれる風土にあっては、ここまで対策をしていても、まだ不十

図4･3　赤瓦の屋並み（沖縄県・竹富島）

分だったようです。激しい強風は、時に軒下から吹き上げる強い横風となって、屋根そのものを引き剥がすほどの威力を持つからです。

島の集落全体が重伝建地区に指定されている沖縄県・渡名喜島では、表通りよりも、敷地の方が地盤面を掘り下げて低くつくられているという特徴があります（注1）。一般には、敷地は周囲の通りよりも高く土盛りを施すことによって降り込んだ雨水をすばやく排出し、湿気に弱い木造建築をなるべく乾燥させ、木材の傷みを少しでも減らすような構造が好まれます。これと比べると、渡名喜島の民家はまったく逆の方向性となり、きわめて特異な形式といえます。このままでは周囲から雨水が流れ溜まり、地面からの湿気で木造建築はみるみる侵蝕されることとなり、頻繁に建て替えなければならなくなってしまうはずです。

こうならないのは、渡名喜島などの離島の多くがサンゴ礁の隆起によって形成されており、きわめて水はけの良い土地であることに深く関わっています。排水性の良い土地であるために、周囲よりも高く土盛りをしなくても充分に床下の乾燥を保つことが可能となっているのです（図4・4）。

では、なぜことさらに低くしなければならなかったのでしょうか。これは前述した石垣の高さに関係していると考えられます。強い横風に吹き上げられないように屋根をつくるためには、軒の高さをなるべく低くつくることが重要になります。しかしそのまま屋根を低くすると、住居内部での生活がままならなくなります。かといって横風を防ぐために石垣を高くつくろうにも、充分な高さまでサンゴの軽石を積んだところで、前述のように、今度は石垣そのものが風で倒されてしまうことになります。低い石垣の高さに合わせて軒を低く抑え、かつ住居内の生活空間に必要な高さを確保するためには、もはや残された手段は地盤面そのものを低くする以外になかったものと考えられます。すなわち、この地方の敷地レベルが掘り下げられているのは、排水性の良い土地の特性を活かして、湿気をいとわずに少しでも軒の高さを(屋根そのものの高さを)低い石垣の高さに近づけ、台風のもたらす強い横風をやりすごすためであると考えれば、実に自然な構成であると言えます。こう考えると、

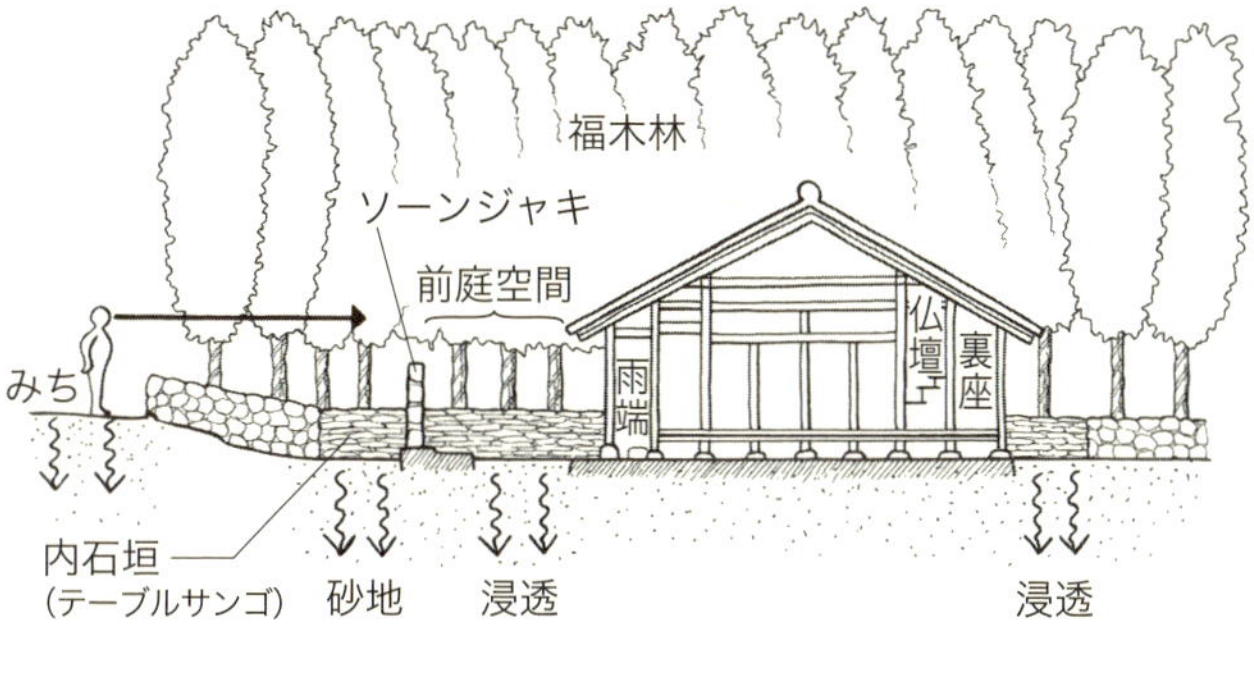

図4・4　渡名喜島の民家と敷地の断面図
(出典:渡名喜村教育委員会『渡名喜村渡名喜伝統的建造物群保存地区保存対策調査』1999年)

この地方の町並みは先人たちの試行錯誤の末に到達した、まるで最新のＦ１レーシングカーのように少しでも低く地面に押し付け、少しでも滑らかに風を流せるように、空気力学を考慮して設計された「空力建築」で構成されていると見ることができます。

◆軒を支えるサンゴの礎石

また、降りつける豪雨から内部空間を守り、照りつける日射から少しでも日陰をつくるために、沖縄の伝統的な民家の軒はことさらに深く張り出してつくられています。こうなると、風で飛ばされないように赤瓦と漆喰で固められた重たい屋根を支えるために、今度は支柱を立てて軒先が下がらないように保持することが不可欠となります。この重要な軒の張り出し空間は、雨よけという意味で「アマハジ」と呼ばれ、沖縄地方の伝統的民家の特徴となっています（図４・５）。

なお、ここに使われる支柱は常に風雨にさらされることになるため、皮をはいで製材した通常の木材では傷みが早すぎて使い物になりません。このため支柱の部材だけは、皮が付いたまま切り出された自然の木材が使われているのです。それでも水は端部の切断面から内部に侵入して内部を腐らせるため、特に地面に接触する支柱下端の切断面が弱点となります。ここに地面から水分が上がってくることを防ぐために、今度は支柱と地面との間に水はけの良い珊瑚の礎石が置かれることになります。しかもその塊には、海から持ってきた珊瑚をなんと生きたまま使用するそうです。普通に考えると、礎石として使うには死んで乾燥し、軽石となった珊瑚の方が適していると思われるのですが、なぜわざわざ水分の抜けていない生きた珊瑚の塊を使用するのでしょうか。そこには強風によって支柱が礎石から外れてしまうことを防ぐ意味があったのです。礎石に生きた珊瑚を使うことで、屋根を支える支柱の重みで「珊瑚が生きている間に」わずかにくぼみが形成され、乾燥して軽石に安定するまでに、自然に、ちょうど良く、柱が外れにくい

図 4･5　民家の軒先空間（アマハジ）を支える支柱

形状に納まるというわけです（図4・6）。

このように、沖縄地方の特徴的な美しい町並みと、これを形成している伝統的民家の建築様式には、日常的に襲い来る台風と強い日射、さらには激しいスコールに、「寄り添いつつ生き抜く」という数々の減災の知恵が織り込まれているのです。

◆室戸の知恵

火災や水害の章でも前掲した高知県室戸市・吉良川の町並みにも、台風対策はその町の構造レベルで織り込まれています。

すでに述べたように、この地域は海岸段丘の上下2段にまたがって町が形成されており、台

図4・6　支柱の柱脚を支える珊瑚の礎石（キクメ石）

風の際には、沖縄同様に屋根を吹き上げ、時には引きはがすほどの強風が太平洋からまともにあたることになります。このため特に上の段に建てられた建物の場合は、段差により下から吹き上げる風を受けることになり、きわめて危険な状況になりやすい宿命にあります。

これを軽減するために、吉良川には昔から上段に建つ家屋は平屋建て、下段の家屋は2階建てとする習わしがあり、上下の段で屋根の高さを揃えることが進められてきました(注2)。上下の段を通して屋根の高さをほぼ一定に揃えることで、集落の建物群を一団の塊として集結させ、日常的な強風からお互いを守り合う工夫がなされてきたのです(図4・7)。

吉良川の、斜面地にありながら高さの揃った屋並みもまた、厳しい自然と共生していくための必然の形態だったのです。

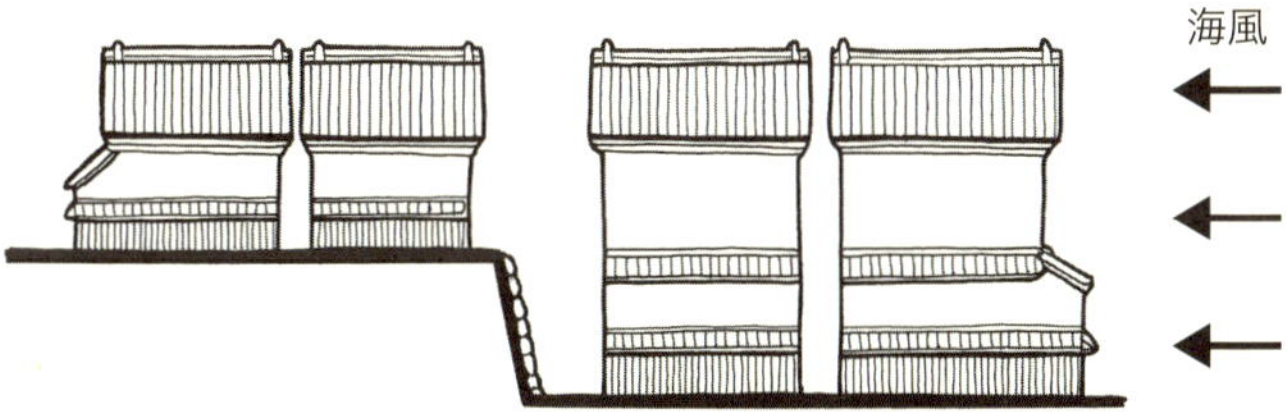

図 4・7　高さの揃った吉良川の屋並み

2

身を寄せ合って助け合う
——雪害対策

以上のような南国の町並みに対して、北国の伝統的な町並みにはどのような工夫が織り込まれているのでしょうか。

北国では台風に対して、「豪雪」が日常的な災害となります。一日で数メートルにも及ぶ積雪は、屋根を押しつぶし、出入り口を奪い、時に吹雪となって建物を押し倒そうとする難物です。このような地域では、雪害対策はまさに生きていくための生命線となります。

◆合掌集落

プロローグでも紹介しましたが、岐阜県大野郡の白川郷は、日本で初めて登録された重要伝建地区の一つであり、現在は世界遺産にも登録され、「合掌造り」と呼ばれる独特の建築様式で知られています。草葺きの大屋根にしんしんと雪が降り積もる姿を、年末の年越し番組で見たことのある方も多いと思います。

名前の由来は、巨大な2枚の草葺きの屋根が互いに寄りかかるように見える切妻の姿が、合掌する時の手を合わせる所作に似ているところから来ています。正三角形に近い60度に及ぶ急勾配の大屋根は、屋根に降り積もる大量の雪を重力で自然に振り落とし、同時に内部に3〜4階分の大空間をもたらしています（図4・8）。広い内部空間はこの地方の伝統的な大家族制を支えてきましたが、そもそも、豪雪期に家屋間で移動をしなくてもすべての生活が営めるように大家族制という生活様式が採用され、それに適した空間が用意されたと考えることもできます。

1階の生活空間からもたらされる囲炉裏や

図4·8　雪が落ちる白川郷の合掌家屋（岐阜県・大野郡）

図 4･9　蚕棚のある屋根裏空間

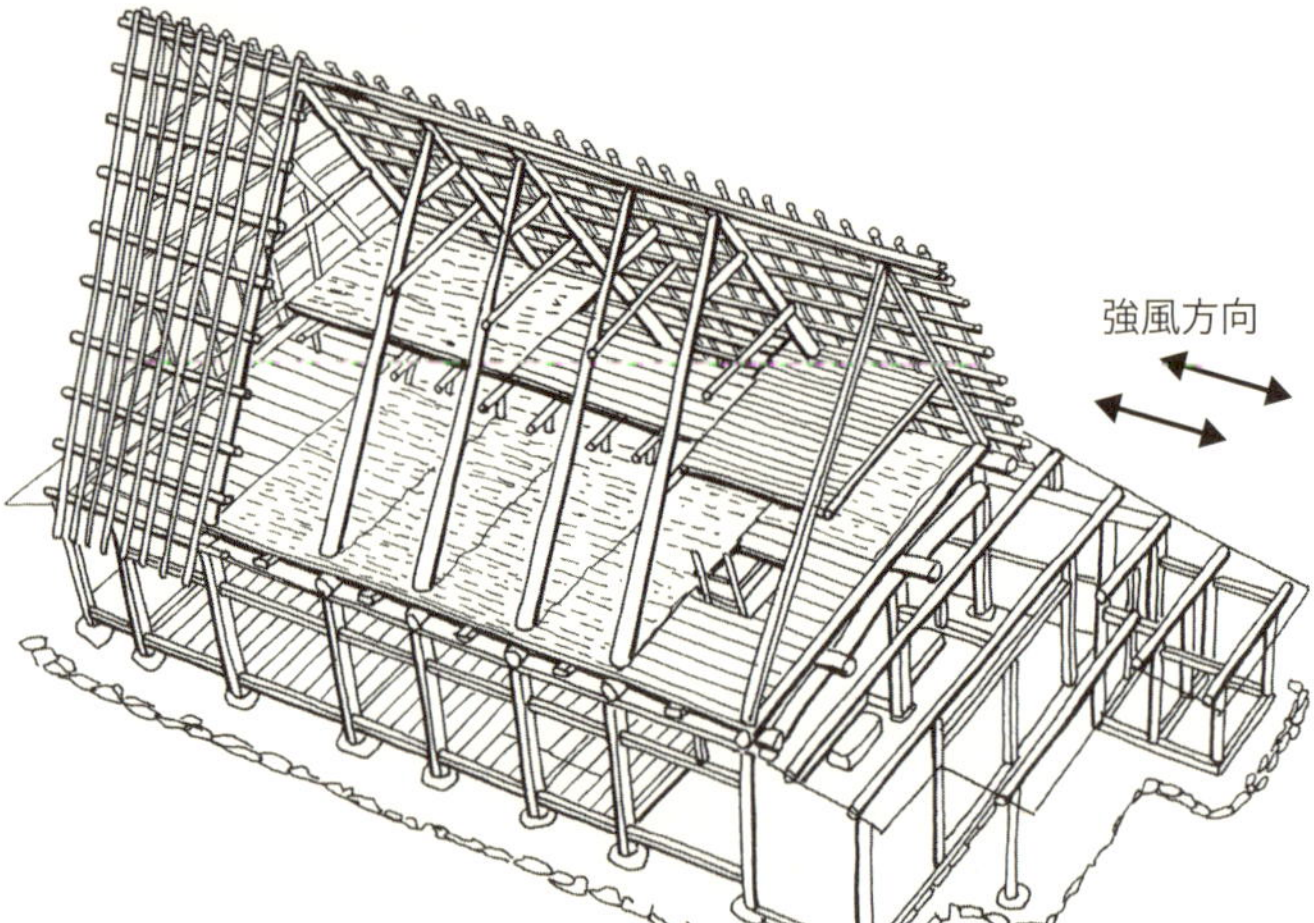

図 4･10　合掌造りの構造
（出典：平村教育委員会編『国指定史跡越中五箇山相倉集落旧水口家・旧窪田家住宅再建築工事報告書』1982 年）

かまどの熱は、屋根裏の温度を保つことで厳冬期を越えて上階部での蚕の飼育を可能にし、江戸中期以降の地域の重要な産業であった養蚕業を支えるとともに、屋根を内側から燻すことで草葺きの屋根材を30年以上にわたり長持ちさせる効果を発揮しました(図4・9)。さらに切妻の屋根形式は、妻側に極力雪を落とさないことで出入り口を確保し、万一地上階が雪で完全に塞がったとしても、上階からの出入りを可能としています。

またこの地域は、川沿いの谷筋に集落が形成されているため谷に沿って強風が吹くのですが、これによって建物が吹き倒されないように、集落内の合掌造りはほぼすべて谷筋(風の通り方向)に沿って平側の長辺がなびくように配置されています。さらに構造的には、妻側の三角形を構成する山型に組み合わされた梁(合掌梁)を奥行き方向に並べ、まるであばら骨のように繰り返す「扠首《さす》」構造となっています(注3)。柱との接続部分は、釘のような強固な方法ではなく、まんさくの若木の「ねそ」と呼ばれるしなやかな植物をほぐして巻きつけた弾力性のある固定方法を採用しており、風向きに直対する妻側に風圧がかかっても、これを柔らかく受け流す工夫がなされています。「総持ち」と呼ばれるように1400カ所に及ぶねそによる結び目は、まさに一つ一つの小さな力が合わさって、強風や雪の重みに耐えているのです(図4・10)。

風に対して面積が最小となる妻側を向けることで強風の影響を最小限に抑えつつ、妻側を押す力をしなやかに受け止めることで屋根全体を倒壊から守る、これもまた空気力学を考慮したもう一つの「空力建築」と考えることができます。

◆新潟県の雁木

では農村部での豪雪対策に比して、都市部での伝統的な対策はどうだったのでしょうか。冬になると毎日のように天気予報の雪マークで覆われる新潟県の中でも、内陸部に位置するため特に雪の多い地域の一つとなる栃尾市や上越市では、豪雪期になると町全体が雪にうずもれてしまい、おいそれと表通りを歩くこともままならない環境にあります。農村集落とは異なり、雪が降っても住居内部だけで生活が完結できるほど広い面積を持たない都市生活者にとっては、積雪期であっても町で生活に必要な食料や物品をやりとりする経済活動は必須となります。これに必要な交通空間を確保するために、特徴的な「雁木《がんぎ》」と呼ばれる連続する軒下空間が生み出されることになります（注4）（図4・11）。

雁木が発明される以前には、通りに面した商店街などでは、おそらく毎日のように店先の雪かき合戦が展開されていたと思われます。これはたいへんな重労働である上に一晩で人の背丈を越える積雪があれば、すべての努力が水泡に帰してしまうという不毛な作業であったはずです。このため、できるだけ軒を表通り側に張り出させ、少しでも雪かきしなければならない面積を減らそうという工夫がなされたことも、自然な成り行きだったと思われます。

さらにこうしてできた軒下空間は、商売や宿屋を生業とする都市生活者たちにとって、雪に降られることなく買い物や移動をしてもらえる非常に都合の良い商品陳列スペースにもなり、この流通空間のアイディアは次第に広まっていったと考えられます。こうなると、隣同士の軒下空間を隣接させることによって、さらに様々な商店や宿を便利に行き来することのできる交通空間としても機能するように

図 4・11　雁木のある町並み（新潟県・上越市）

なります。特に雁木が発達するような豪雪地域では、建ち並ぶ隣家との壁の間に中途半端な隙間があるとそこに雪が入り込んで壁を壊すことにつながるため、建物は隣同士が密接して連続することになります。ここまで来ると、商売や宿屋を生業としない沿道の住民も、自分の家だけ軒が短ければ両隣からの落雪が吹き溜まってしまうことになるため軒先の長さを揃えるようになり、その結果、一連の軒下が連続した雁木が形成されていったと考えられます（図4・12）。

このような自然発生的な雁木を参考に、行政によってもそれらがつくられるようになりました。高田の雁木は、松平忠輝が城下町の建設後に、冬期の交通の便を図るため公儀地

図 4・12　雁木の描かれた江戸時代の絵図（出典：『光台寺古絵図』）

である道路上につくらせたとされており、長岡の雁木も、寛永19（1642）年に長岡藩の命によりつくられています（注5）。

白川郷のような農村集落では家屋単位で雪害対策が進められたことに対して、市街地では家屋相互で雪害対策が進んだ結果、雁木という「半公共空間」としてこれが共有され、発達したと考えることができます。

このような雁木空間は北国の各所に見ることができましたが、現在ではその多くが文字通りの木造ではなく鉄骨などの近代的アーケードに変わりつつあります。さらに商業コンプレックスや大型スーパーマーケットなど大規模店舗の進出により、伝統的な商店街そのものが衰退し始めると、全国的に雁木の維持や保存も難しくなり、伝統的な形式はその姿を失いつつあります。本来地域相互の助け合いから形成され、コミュニティの交流空間として大切にされてきた雁木は、その形態だけでなくそれが醸成してきた文化的活動の舞台でもありました。その意味でも、雁木通りは消失の危機を乗り越え、将来に受け継ぐべき重要な景観の一つといえるのではないでしょうか。

エピローグ

「減災の知恵」の復活と歴史の再生——「歴史・防災まちづくり」へ向けて

◆コミュニティー居久根による津波対策

本書ではこれまで、歴史に学ぶ「減災の知恵」を、様々な災害の種類に応じてご紹介してきました。これらの、伝統や歴史に磨かれた言わば「生き抜くためのデザイン」は、近代的な災害対策が見落としてきた、はじめから近代的な技術や材料のない時代から長い時間をかけて積み上げられてきた、「様式にまで昇華された経験値」と言い換えることができます。

この意味で、これらの経験から学んだことを将来へ向けた「まちづくり」に応用することができれば、近代的な防災技術が機能しなくなるような大規模災害時にこそ役立つ、その土地の風土に根ざした防災資源を最大限に活かす「防災まちづくり」が実現できるはずです。同時にこれは、伝統を大切に守り育てる「歴史まちづくり」にもつながる、古くて新しい、減災のための「歴史・防災まちづくり」と呼ぶことができます。

２０１１年3月11日の東日本大震災で被災した仙台平野には、屋敷を取り囲むように植えられた屋敷林を、時に複数の家々で連続させるように設ける「居久根《イグネ》」を形成する伝統があります。

この居久根は、冬の風雪を遮ったり夏の日差しを和らげるとともに、生活に必要な燃料や堆肥の原料となる材木や落ち葉をもたらすという自活のための優れた工夫であり、同時にこの地方の独特なコミュニティ景観を形成してきました。それだけでなく東日本大震災ではいくつかの集落で津波によって押し流されてきた大量の瓦礫がこの居久根によってせ

図 5・1　津波の瓦礫をせき止めた居久根（宮城県・仙台市）

き止められ、内側の建物を致命的な被害から守ったと言われており、密植された樹木がフィルターとなって、津波の流勢を弱める効果も発揮したと考えられています（図5・1）。

現在、東北地方の数多くの被災地では、壊滅した集落の再生に向けて様々なまちづくりの取り組みが始まっています。居住地を集団で高台に移転する計画が主流を占める中、岩沼市では復興グランドデザインとして、「コミュニティー居久根」によってつながれた自然共生都市の形成が提案されています（注1）。

これは、既存のコミュニティを維持したエコ・コンパクトシティの実現を目指したものであり、コミュニティ全体を津波からガードするように新しい居久根を整備し、そこに新しい町をつくる復興計画となっており、その意味では「既存集落の保存」とは異なる方向性を持った計画と捉えられるかもしれません。しかしながらこれまでの歴史を見ても、多くの集落が始めからそこにあったわけではなく、大きな被害を受けるたびにより安全な場所を求めて少しずつ変化してきたことも事実です。その工夫が積み重なって歴史的な町並みが形成されてきたことを考えれば、この復興計画もまた、次世代に受け継がれることによって将来の伝統的な町並みを形成していくための、「経験を活かした」まちづくりと考えることができるのではないでしょうか。

多くの被災地で、まったく新しい高台での宅地開発と、要塞としての臨海漁業基地の建設が指向される状況に対して、柔らかな緑の帯で包むように、復興グランドデザインの中に歴史と伝統をコミュニティとともにつないでいこうとする考え方は、とても新鮮で理にかなったものに見えます。

◆伝統に学ぶ美しい減災まちづくり

これまでご紹介してきた事例の中にも、今後の歴史・防災まちづくりへ向けた、先人たちから託された貴重なヒントが隠されています。

地域にとって重要な核となる社寺建築の多くは、しなやかに揺れを減衰する伝統的な構造と、実際の荷重以上に太い柱によって、地震による倒壊のリスクを減らす能力を秘めていました。この特性を活かして、もしこれらの地域遺産と呼べる建物を万一の際の避難所に積極的に位置づけることができれば、まさに現代版「駆け込み寺」として地域防災や観光防災の拠点として活用することもできるでしょう。

特に千年以上に及ぶ日本の木造文化の蓄積は、火災対策についても重要な示唆を与えてくれました。傷んだ土蔵を丁寧に修復することは、美しい白壁の建物群を将来に受け継ぐだけでなく、密集した市街地の伝統的な景観を阻害することなく大規模な防火壁をつくり出すことにつながります。また、町中を流れる水路網を再生して誰もが水を身近に感じることができる環境をつくり出すことも、大規模災害で断水し消火栓すら機能を失うような状況下であっても、初期消火に必要な水をすぐに確保できる安全な環境づくりに直結することになります。

水害への対応策としても、伝統的なまちづくり手法は有効です。現代の災害対策の多くは道路網の整備によって様々な緊急サービスを迅速に提供することを可能にしてきましたが、その一方で洪水のような広域にわたる大規模災害時には、肝心の道路網が寸断されてしまうために、地域がまるごと無防備なまま孤立するという最悪の事態を招いています。もし輪中のような伝統的な地域構造を現代社会に再現することができれば、膨大なコストをかけて絶対に安全とは言い切れない巨大な堤防をつくり、地域を寸断する必要性は低くなります。伝統的な輪中堤と遊水地効果で水勢を殺し、上昇する水位に応じた共有の避難空間を再生することは、リスクを分散させつつ様々なスケールで多重の安全装置を備えた、「想定外」の事態を生き残ることができるタフなまちづくりにつながります。

風雪害も現代社会にとって重大な脅威です。豪雪による家屋の倒壊はもちろん、雪下ろし作業中の転落事故でも毎年多くの尊い命が失われています。白川郷を例にとってご紹介した合掌造りの切妻屋根は、万一出入りも不可能なほど積雪した場合でも、大きな内部空間に一族で住まうことで長期にわたる孤立にも耐えてきました。現在はこの広大な内部空間を活かして民宿として運営される例も増え、観光まちづくりに貢献しています。

また、強い季節風に悩まされてきた地域をはじめとして、日本には風上になる敷地周縁部に防風林を設ける伝統がありますが、特に九州より南の地方では、あく抜きをせずに食べることのできるどんぐりが実る「まてば椎」を植えることがあります。このように防風林としてだけではなく、地域の風土に合った「食べられる」樹木を植えることができれば、自給可能なコンパクトシティでも注目されている「エディブルツリー」として、長期化する災害復旧期にも役立つ豊かな緑のまちづくりに結びつくのではないでしょうか。

本書ではご紹介していませんが、密集した街区から「緊急脱出」を可能にする知恵も散見されます。全国に分布している町家群の平面形態には、大規模火災などから少なくとも人命を守るのに役立つ避難経路が織り込まれています。町家の多くは「うなぎの寝床」と呼ばれるような奥行きの長い敷地に対して、表の道路側から奥に向かって母屋、中庭、蔵といった順に空間が配置されていますが、実はこの中庭が避難経路として使える可能性があるのです。例えば、表通り側から延焼火災が迫っている状況では、住人は当然表通りに向かって避難することができなくなります。しかし、もし横並びの中庭を仕切っている隣家との壁を抜けることができれば、中庭づたいに新たな横方向の避難ルートが現れることになります。実際に江戸時代の町家密集地域では、隣家と中庭を仕切る壁にあらかじめ裏木戸のような扉が設けられており、日常的にもそこを通ってご近所付き合いが展開されていたようです。もちろんセキュリティの問題がありますから普段はカンヌキや鍵がかけられていたはずですが、所詮は木でできた扉と塀です。万一の際には蹴破って避難したものと考えられます。そして各々の中庭に設えられた緑は、密集した町家群の中で帯状に広がり、都市に潤いを持たせる伝統的な景観要素にもなっていたのです。

このような、いざというときに他人の庭を通って逃げられるようにする工夫は現在でも活かされています。東京都の板橋区には下町情緒を今に伝える町並みが残っていますが、「どんつき」と呼ばれる行き止まりの細街路が緊急避難上の問題になっていました。そこでは、抜本的な再開発によって町並みを改変するのではなく、どんつきに面した住民たちが協力し合い、庭の塀を有事には通れるように改修することによって避難経路を確保しています。現在は塀の一部をプラスチックの板に置き換える手法が一般化していますが、例えばこれを伝統的な木の塀に統一していくことができれば、歴史的な町並みの再生にもつながるはずです。

このように「減災の町並みデザイン」とは、歴史や伝統文化を将来につなげるための、「安全」で「美しい」未来のまちづくりのための重要なキーワードと考えることができます。

私たちの先人が知恵と経験を積み重ねることで様式美にまで高めてきた方法論を学び、現代社会に活かし、さらにこれを発展させていくことは、伝統文化を享受する権利を与えられた私たちの、将来世代へ向けた責務の一つなのではないでしょうか。

補注

1　揺らして逃がす地震対策

扉出典／宮田登・高田衛『鯰絵─震災と日本文化』里文出版、1995年

注1　藤田香織「地震による五重塔の被災履歴」『建築雑誌　Vol.123、No.1581』日本建築学会、2008年、17〜19ページ

2　上田篤『五重塔はなぜ倒れないか』新潮社、1996年

3　鈴木有「木質構造は地震の揺れにどう抵抗するか」『まちなみ　1997年1月号』大阪建築士事務所協会

4　稲山正弘「木材のめりこみ理論とその応用─靭性に期待した木質ラーメン接合部の耐震設計法に関する研究」（東京大学学位論文）など

5　翠川三郎「1995年兵庫県南部地震の際の鐘楼の移動について」『日本建築学会大会梗概集B－2（構造2）』1995年、205〜206ページ

6　大町達夫・翠川三郎・本多基之「1909年姉川地震での鐘楼の移動から推定した地震動強さ」『構造工学論文集Vol.41』土木学会、1995年、701〜708ページ

7　藤森照信・前橋重二『五重塔入門』新潮社、2012年および原広司監修『空中庭園幻想の行方─世界の塔と地球外建築』積水ハウス梅田オペレーション株式会社、1993年

8　松岡祐也「『言経卿記』に見る文禄五年伏見地震での震災対応─特に「和歌を押す」行為について」『歴史地震第21号』歴史地震研究会、2006年、157ページ

9　吉川圭三編『新訂増補 故実叢書』明治図書出版株式会社、1951年、313ページ

10　エドワード・S・モース著、斉藤正二・藤本周一訳『日本人の住まい』八坂書房、2004年、262ページ

11 斎田時太郎「京都御所泉殿及地震殿について」『東京帝國大學地震研究所彙報第18号』東京帝國大學地震研究所、1940年、698〜700ページ
12 斎田時太郎「彦根城樂々園地震の間について」『東京帝國大學地震研究所彙報第18号』東京帝國大學地震研究所、1940年、692〜697ページ
13 大熊喜邦「地震の間と耐震的構造に對する觀念」『建築雑誌 Vol.29、No.345』日本建築学会、607〜621ページ
14 中川登史広著『京都御所・離宮の流れ—転変のものがたり』京都書院、1997年、166〜167ページ
15 西澤正浩・中川武「『彦根城楽々園地震の間』の耐震計画における一考察」『日本建築学会大会学術講演梗概集（関東）』1997年9月、212ページ
16 吉川圭三編『新訂増補 故実叢書』明治図書出版株式会社、1951年、258ページ
17 北野源治編『彦根城ものがたり』彦根市、1979年、32ページ

2 燃えても守れる火災対策

扉出典／宮田登・高田衛『鯰絵—震災と日本文化』里文出版、1995年
注1 ルイス・フロイス著、岡田章雄訳注『ヨーロッパ文化と日本文化』岩波文庫、1991年
2 黒木喬『江戸の火事』同成社、1999年、18ページ
3 東京都「住民基本台帳による東京都の世帯と人口」平成21年1月
4 2006年時点の統計による
5 下村紀夫「水の郷八幡町 水の恵みを活かすまち郡上八幡」『地下水技術 第45巻第1号 2003年1月号』地下水技術協会、4〜5ページ
6 山本純美『江戸の火事と火消』河出書房新社、1993年、158〜159ページ
7 黒木喬『江戸の火事』同成社、1999年、68〜69ページ

8　黒木喬『江戸の火事』同成社、１９９９年、３ページ
9　西山松之助『江戸町人の研究　第5巻』吉川弘文館、１９７８年、84ページ
10　平成20・21年度京町家まちづくり調査
11　長谷見雄二ほか「特集４：準防火地域に新築可能な伝統木造町家の防火仕様」『建築技術２００３年6月号』など
12　横山正幸『ガイドブック清水寺』法蔵館、１９９６年
13　『教海一瀾 第25号』明治31年2月２６日刊
14　太田博太郎『寺社建築の研究』岩波書店、１９８６年
15　乾哲也・摂河泉地域史研究会編『よみがえる弥生の都市と神殿―池上曽根遺跡 巨大建築の構造と分析』批評社、１９９９年
16　参考：津和野町『津和野ものがたり6』１９７４年

3　ぬれても流れぬ水害対策

扉出典／『薩摩藩御手伝普請目論見絵図（複製）』海津市歴史民俗資料館所蔵（原資料は個人蔵）
注1　大熊孝『増補 洪水と治水の河川史―水害の制圧から受容へ』平凡社ライブラリー、２００７年
2　宮村忠『水害―治水と水防の知恵』中央公論社、１９８５年、２ページ
3　宮村忠『水害―治水と水防の知恵』中央公論社、１９８５年、20ページ
4　伊藤安男『治水思想の風土―近世から現代へ』古今書院、１９４４年、２６９ページ
5　伊藤安男・青木伸好『輪中』學生社、１９７９年、86ページ
6　新谷一男「輪中地域の水防」、安藤萬嘉男編『輪中―その展開と構造』古今書院、１９７８年、１０７〜１２３ページ

4　日常としての風雪対策

扉出典／『天明火災絵巻』京都国立博物館所蔵

注1　渡名喜村教育委員会『渡名喜村渡名喜伝統的建造物群保存地区保存対策調査』1999年

2　室戸市教育委員会『吉良川の町並み―伝統的建造物群保存対策調査報告書』1996年

3　平村教育委員会編『国指定史跡越中五箇山相倉集落旧水口家・旧窪田家住宅再建築工事報告書』1982年

4　深澤大輔「中世栃尾城の寄居町であった大町の雁木の形成と変遷―豪雪地帯における雁木の発生と変遷に関する研究」『新潟工科大学研究紀要 第9号』2004年

5　木村雅俊『高田の雁木―歴史的建造物の保存と活用に関する調査報告書』上越市創造行政研究所、2002年

エピローグ　「減災の知恵」の復活と歴史の再生

注1　第2回宮城県震災復興会議・石川幹子委員提出資料

おわりに

本書は、著者が歴史都市の防災研究に取り組むようになって以降15年余りの間に、全国各地で触れ、多くの先生方からお話を聞き、収集してきた「伝統的な減災の知恵」を総覧的に整理したものです。この意味で、世の中にある知見を網羅的にカバーした内容ではなく、筆者の研究分野にいくぶん偏った内容になっています。

また、筆者はもともと建築設計・都市計画の分野に従事しており、歴史都市の防災研究に取り組み始めたのは、歴史ある多くの地域を失った阪神・淡路大震災以降となります。このため慣れない史実の解釈や検証に不十分な点があれば、すべては著者の不勉強によるものです。

それでも本書を書きあげようと決心したのは、震災後の急速な災害対策や復興事業の多くが、その土地の歴史や伝統ある美しい風景に配慮なく進んでいることに対して強い危機感を抱いたためです。本書を通して、防災を根拠に伝統ある町並みや建物をすべてリセットする方向ではなく、逆に歴史と経験値を積極的に活かした「美しく安全な減災のまちづくり」の可能性を広げることに役立てるのであれば、これに勝る喜びはありません。

なお編集をご担当いただいた学芸出版社の知念靖広氏、森國洋行氏には、6年も前から忍耐強くご支援をいただきました。彼らでなければ本書の充実やわかりやすさは実現できませんでした。最後になりますが、グローバルCOEプログラム「歴史都市を守る『文化遺産防災学』推進拠点」のメンバーの皆様、OBを含む研究室の学生諸氏、家族を含む身近な方々には、多大なサポートをいただきました。記して謝意を表したいと思います。

２０１２年5月　若葉の芽吹く衣笠山麓にて

大窪健之（おおくぼ・たけゆき）

立命館大学理工学部教授。グローバルCOEプログラム「歴史都市を守る『文化遺産防災学』推進拠点」拠点リーダーを務め、２０１３年より歴史都市防災研究所所長。

１９６８年生まれ。京都大学工学部建築学科卒業、同大学大学院修了。京都大学工学研究科助手、同大学大学院地球環境学堂准教授を経て、現職。博士（工学）、一級建築士。

共著に『テキスト建築意匠』（学芸出版社）、『地球環境学のすすめ』（丸善）、『災害対策全書』（ぎょうせい）、『文化遺産防災学「ことはじめ」篇』（アドスリー）ほか。

歴史に学ぶ減災の知恵
建築・町並みはこうして生き延びてきた

２０１２年６月15日　第１版第１刷発行
２０１６年12月30日　第１版第２刷発行

著　者　大窪健之
発行者　前田裕資
発行所　株式会社 学芸出版社
京都市下京区木津屋橋通西洞院東入
〒６００－８２１６
電話　０７５－３４３－０８１１
印刷　オスカーヤマト印刷
製本　山崎紙工
イラスト　野村彰
装丁　KOTO DESIGN Inc.

ISBN978-4-7615-2532-3

改訂版 都市防災学 地震対策の理論と実践

梶秀樹・塚越功 編著

A5 判 280 頁 本体 3200 円+税

大都市の地震防災対策の歴史や理論、各領域の最新の知識、実践事例を簡潔にまとめ、体系だてて都市防災を学べるようにした初めての教科書。大学での教科書としてはもちろん、行政担当者にも役立ち、独学にも充分対応できるよう配慮している。今回、東日本大震災をふまえて、液状化、情報伝達と避難、企業防災など増補改訂した。

町家棟梁 大工の決まりごとを伝えたいんや

荒木正亘・矢ヶ崎善太郎 著

四六判 200 頁 本体 1600 円+税

京都の町家は、市井の人びとの住まいとして脈々と受け継がれてきた。それらを改修してきたのは、神社仏閣・数寄屋などもこなすほど高い技術をもった大工棟梁であった。六十年以上にわたって町家にかかわってきた大工棟梁が、何を見て、どう考え、建物と格闘してきたのか。町家の再生にかけた人生を次代の若手に向けて語る。

町家再生の技と知恵 京町家のしくみと改修のてびき

京町家作事組 編著

B5 変判 144 頁 本体 2600 円+税

近年非常に価値の高まりつつある京町家を、残して住み続けるには、 多くの場合、改修が必要である。本書では、原状の調査の仕方から、 その施工に役立つポイント、改修の実例まで図や写真でわかりやす く伝授する。また、その構造を知るために、新築当時の町家の建設 を工程を追って解説し、躯体構造を絵解きで理解できるようにした。

楽しき土壁

佐藤嘉一郎・矢ヶ崎善太郎 著

四六判 224 頁 本体 1800 円+税

快適で、なごみの空間をつくりだすとともに、健康によく、地球にもやさしい土壁。そこにはなんともいえない不思議な魅力がある。茶室・数寄屋建築の壁を多く手掛けた著者が、土のはなし、左官の仕事、今後の左官業界などについて思いを馳せながら、仁和寺、玉林院などの茶室をめぐり歩き、土壁のもつ意匠・魅力について語る。

民家のしくみ 環境と共生する技術と知恵

坊垣和明 著

四六判 192 頁 本体 1800 円+税

伝統的民家は、巧みな仕掛けや工夫を駆使したサステナブル住宅だ。エネルギーを使わずに快適な住空間を導き出す民家のしくみを、環境工学的視点から豊富な事例でわかりやすく読みとく。風・雨・雪などの気象要素と熱・光・空気などの環境要素に対応する技術や知恵は、現代の住まいづくりに温故知新な発見をもたらしてくれる。

伝統木造建築を読み解く

村田健一 著

四六判 208 頁 本体 1800 円+税

日本は、世界最古と最大の木造建築を有し、比類ない木の建築文化を築いてきた。その伝統木造建築の歴史・特徴について、外見的な形や様式に留まらず、建物の強度を確保する工夫、日本人好みの建築美、合理的な保存・修復などを多数の事例をもとに解説。文化財の専門家が、古建築に宿る知恵と技、強さと美しさの源流に迫る。